中等职业教育土木建筑大类专业"互联网+"数字化创新教材
中等职业教育"十四五"系列教材

装配式建筑构件制作与安装

刘七宁
宋良瑞　主　编
杨　慧

唐忠茂　主　审

中国建筑工业出版社

图书在版编目（CIP）数据

装配式建筑构件制作与安装 / 刘七宁，宋良瑞，杨慧主编. -- 北京：中国建筑工业出版社，2025.7.（中等职业教育土木建筑大类专业"互联网＋"数字化创新教材）（中等职业教育"十四五"系列教材）. -- ISBN 978-7-112-31102-6

Ⅰ．TU74

中国国家版本馆 CIP 数据核字第 2025E4S491 号

本教材共分 3 个模块，内容包括装配式建筑概述，装配式混凝土构件制作，装配式混凝土结构的施工。

本教材可作为中等职业学校土木建筑类学生的教材和教学参考书，也可作为建设类行业企业相关技术人员的学习用书。

为更好地支持本课程的教学，我们向使用本书的教师免费提供教学课件，有需要者请与出版社联系，索要方式为：1. 邮箱 jckj@cabp.com.cn；2. 电话（010）58337285；3. 建工书院 http://edu.cabplink.com。

责任编辑：刘平平　李　阳
责任校对：张　颖

中等职业教育土木建筑大类专业"互联网＋"数字化创新教材
中等职业教育"十四五"系列教材
装配式建筑构件制作与安装

刘七宁
宋良瑞　主编
杨　慧
唐忠茂　主审

*

中国建筑工业出版社出版、发行（北京海淀三里河路 9 号）
各地新华书店、建筑书店经销
北京鸿文瀚海文化传媒有限公司制版
廊坊市文峰档案印务有限公司印刷

*

开本：787 毫米×1092 毫米　1/16　印张：10¼　字数：251 千字
2025 年 3 月第一版　2025 年 3 月第一次印刷
定价：36.00 元（赠教师课件）
ISBN 978-7-112-31102-6
（43909）

版权所有　翻印必究
如有内容及印装质量问题，请与本社读者服务中心联系
电话：（010）58337283　QQ：2885381756
（地址：北京海淀三里河路 9 号中国建筑工业出版社 604 室　邮政编码：100037）

前言

本书是四川省中职院校"三名工程"教学改革成果教材。

近年来国家及各省市均在大力推进建筑工业化,以促进建筑业持续健康发展,而装配式建筑正是建筑工业化实施的重要组成部分。装配式建筑是建筑产业现代化发展的必然途径,装配式建筑也正呈现出蓬勃发展的趋势,对专业设计、加工、施工、管理人员的需求也是巨大的。

装配式建筑在设计、生产、施工方面都与传统现浇混凝土建筑有着较大区别。本书在编写过程中,重点介绍装配式混凝土构件的生产、制作及安装过程,给读者一个装配式建筑构件全面系统的知识介绍,努力反映我国目前在装配式建筑方面的新技术、新材料、新工艺以及设计的发展动态,以期能满足行业发展对人才培养的需求。本书可作为中高等职业院校土木建筑类相关专业学生的教材,同时也可以供建筑相关专业培训和装配式建筑的各专业技术人员自学参考。

本书建议总学时 66 学时,各部分内容的学时分配可参考下表:

课程内容			建议学时数
模块 1 装配式建筑概述	教学单元 1	装配式建筑的定义和分类	2
	教学单元 2	装配式建筑的发展历程	2
	教学单元 3	装配式建筑的评价标准	4
模块 2 装配式混凝土构件制作	教学单元 1	装配式混凝土建筑基本构件	6
	教学单元 2	构件的生产工艺、标识及流程	8
	教学单元 3	较为典型的 PC 构件生产流程	20
模块 3 装配式混凝土结构的施工	教学单元 1	施工机械设备设施	4
	教学单元 2	预制构件的存放、运输及吊装	8
	教学单元 3	装配式混凝土结构灌浆与现浇	8
	教学单元 4	装配施工质量控制及验收	4
合计			66

本书由广元市利州中等专业学校刘七宁、四川建筑职业技术学院宋良瑞及广元开放大学杨慧担任主编,全书由宋良瑞统稿。广元市利州中等专业学校朱从明、李清泉、冉雨龙、黄雅林,四川水利水电技师学院边航天,大雁教育科技(杭州)有限公司肖伟晋参与编写;四川华西第四建筑公司总工唐忠茂认真审阅了本书,提出了大量建设性意见;编写过程中,四川华西绿色建筑科技有限公司的工程技术人员给予了巨大的技术支持以及四川亦辰信科技有限公司

给予技术支持，在此表示衷心感谢。本书在编写过程中参考了很多资料，在此就不一一列举，真诚向所阅览的参考文献、影像资料的原作者表示衷心感谢。

由于编者水平有限，加之本书编写是一次改革创新尝试，书中难免有不足之处，望大家在学习及工作中以实际情况进行参照，同时恳切期望各位专家、老师和读者朋友提出宝贵意见，以便进一步修改完善。

目录

模块 1 装配式建筑概述 — 1

教学单元 1 装配式建筑的定义和分类 — 2
  任务 1 装配式建筑的定义 — 2
  任务 2 装配式建筑的分类 — 3
  任务 3 装配式建筑的常用术语 — 4

教学单元 2 装配式建筑的发展历程 — 7
  任务 1 国外装配式建筑的发展及应用现状 — 7
  任务 2 国内装配式建筑的发展及应用现状 — 8

教学单元 3 装配式建筑的评价标准 — 13

模块 2 装配式混凝土构件制作 — 21

教学单元 1 装配式混凝土建筑基本构件 — 22
  任务 1 混凝土预制构件概念及特点 — 22
  任务 2 混凝土预制构件的分类 — 23
  任务 3 PC 构件的表示方法及含义 — 26

教学单元 2 构件的生产工艺、标识及流程 — 39
  任务 1 装配式混凝土建筑构件生产工具与设备 — 39
  任务 2 装配式混凝土建筑构件生产工艺 — 44

教学单元 3 较为典型的 PC 构件生产流程 — 47
  任务 1 混凝土预制叠合板构件生产流程 — 47
  任务 2 预制外墙构件生产流程 — 52
  任务 3 含保温层的预制外墙板生产流程 — 60
  任务 4 预制内墙板工艺流程 — 74
  任务 5 预制外挂板构件生产流程 — 82
  任务 6 预制梁制作工艺流程 — 90
  任务 7 预制柱构件生产流程 — 94

任务 8　预制楼梯构件生产流程　　　　　　　　　　　　　　　　　　　98

模块 3　装配式混凝土结构的施工　　　　　　　　　　　　　111

教学单元 1　施工机械设备设施　　　　　　　　　　　　　　　　　112
　　任务 1　起重设备和吊具　　　　　　　　　　　　　　　　　　112
　　任务 2　施工安装专用器具　　　　　　　　　　　　　　　　　113
　　任务 3　施工前准备　　　　　　　　　　　　　　　　　　　　116
教学单元 2　预制构件的存放、运输及吊装　　　　　　　　　　　　121
　　任务 1　预制构件的存放和运输　　　　　　　　　　　　　　　121
　　任务 2　预制构件的吊装　　　　　　　　　　　　　　　　　　124
教学单元 3　装配式混凝土结构灌浆与现浇　　　　　　　　　　　　131
　　任务 1　套筒灌浆连接和浆锚搭接连接　　　　　　　　　　　　131
　　任务 2　后浇混凝土连接　　　　　　　　　　　　　　　　　　134
　　任务 3　叠合连接　　　　　　　　　　　　　　　　　　　　　135
教学单元 4　装配施工质量控制及验收　　　　　　　　　　　　　　140
　　任务 1　装配式混凝土结构常见质量通病　　　　　　　　　　　140
　　任务 2　预制构件制作质量控制与验收　　　　　　　　　　　　150

参考文献　　　　　　　　　　　　　　　　　　　　　　　　　155

模块 1 装配式建筑概述

学习目标：
1. 了解国内外装配式建筑发展的历史；
2. 理解我国装配式建筑当前的政策与机遇；
3. 熟练掌握装配式建筑的定义和分类；
4. 熟练掌握装配式建筑的评价标准；
5. 培养学生严谨治学的学习态度。

课程重点：
1. 装配式建筑的概念及常用术语；
2. 装配式建筑的分类及优缺点；
3. 装配式建筑的评价标准。

教学单元1　装配式建筑的定义和分类

自改革开放以来,我国建筑行业蓬勃发展,不仅为人们提供了适用、安全、经济、美观的居住和生产生活环境,提高了人们的生活水平,还改善了城市与乡村的面貌,推进了城市化进程。在传统的观念中,建筑是在工地上建造起来的。随着建筑业的转型升级和建筑产业现代化发展的需要,人们必须要转变对建筑生产的认识,建筑可以从工厂中生产(制造)出来。这就是集成化建筑——装配式建筑,目前我国在装配式建筑领域逐渐兴起。

任务1　装配式建筑的定义

装配式建筑的基本概念

装配式建筑的概念一般可以从狭义和广义两个不同角度来理解和定义。

1. 狭义上理解和定义

装配式建筑是指将预制部品、部件通过可靠的连接方式在工地装配而成的建筑。在通常情况下,从建筑技术角度来理解装配式建筑,即从狭义上理解或定义。

关于装配式建筑定义,我国现行技术标准中有如下表述:

《装配式建筑评价标准》GB/T 51129—2017 中装配式建筑指由预制部品部件在工地装配而成的建筑。《装配式混凝土建筑技术标准》GB/T 51231—2016 中装配式建筑指结构系统、外围护系统、设备与管线系统、内装系统的主要部分采用预制部品部件集成的建筑。

2. 广义上理解和定义

装配式建筑是指用工业化建造方式建造的建筑。工业化建造方式主要是指在房屋建造全过程中以标准化设计、工业化生产、装配化施工、一体化装修和信息化管理为主要特征的建造方式,如图1-1所示。

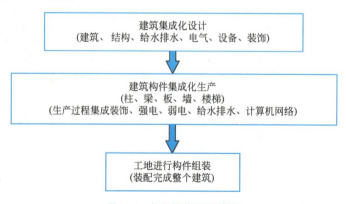

图1-1　广义的装配式建筑

工业化建造方式应具有鲜明的工业化特征，各生产要素包括生产资料、劳动力、生产技术、组织管理、信息资源等，在生产方式上都能充分体现专业化、集约化和社会化。从装配式建筑发展的目的（建造方式的重大变革）的宏观角度来理解装配式建筑，即从广义上理解或定义。

任务2　装配式建筑的分类

装配式建筑包括装配式木结构建筑、装配式钢结构建筑和装配式混凝土结构建筑。本教材的内容主要针对装配式混凝土结构建筑。

一、按装配式结构的材料分类

1. 装配式木结构建筑

装配式建筑在木结构方面起步较早。从年代而言，装配式木结构发展最早，装配式混凝土结构和装配式钢结构起步较迟。后两者的起步和发展基本上处于同时期，起步于现代，发展于当代。

中国木结构建筑建造时分为构件制作场地（工厂）、建筑装配场地（工地）。所有建筑构件都在工厂制作，制作的构件有柱、枋（梁）、雀枋（短梁和装饰梁）、斗拱（纵向梁连接件）、隔扇（门、窗、墙）、门槛（上门槛、中门槛、下门槛）、领子、檐和飞檐、栏杆、台基。当构件制作完成后，将构件运到施工现场进行装配。装配前先建好一个台基（施工现场），在台基上进行建筑的装配。

根据各种木材及结构的性能，现代木结构主要分为轻型木结构、重型木结构、混合型木结构三种。轻型木结构主要用于低层的住宅、学校、会所和景观建筑，由小型横截面木料装配成超静定框架或者桁架结构，也可用于高层建筑的内部非承重木隔墙、平改坡等；重型木结构主要用于大型商业建筑或公共建筑，由大型断面原木作为结构材料装配成超静定桁架或者框架结构；混合型木结构可以用在多层建筑中，其底层用混凝土或砖石建造，上部采用木结构。

2. 装配式钢结构建筑

钢结构是指用型钢或钢板制成基本构件，根据使用要求，通过焊接或螺栓连接等方式将基本构件按照一定规律组成可承受和传递荷载的结构形式。钢结构在工厂加工、异地安装的施工方法令其具有装配式建筑的属性。推广钢结构建筑，契合了国家倡导的大力发展装配式建筑的要求。根据受力特点，钢结构建筑的结构体系可分为桁架结构、排架结构、刚架结构、网架结构和多高层结构等。

3. 装配式混凝土结构建筑

目前常见的结构体系是装配整体式混凝土结构。它由预制混凝土构件通过可靠的方式进行连接，并与现场后浇混凝土、水泥基灌浆料形成整体的装配式混凝土结构。装配整体式混凝土结构的安全性、适应性、耐久性应该基本达到与现浇混凝土结构等同的效果。

二、按结构体系分类

装配式建筑按结构体系分类，有框架结构、框架-剪力墙结构、筒体结构、剪力墙结构、无梁板结构、空间薄壁结构、悬索结构、预制钢筋混凝土柱单层厂房结构等。

三、按预制率分类

装配式建筑按预制率分类：预制率小于5%为局部使用预制构件建筑；预制率5%～20%为低预制率建筑；预制率20%～50%为普通预制率建筑；预制率50%～70%为高预制率建筑；预制率70%以上为超高预制率建筑。

四、按结构形式和施工方法分类

装配式建筑按结构形式和施工方法分类，有砌块建筑、板材建筑、盒式建筑、骨架板材建筑，以及升板、升层建筑等。其中，骨架板材建筑是由全预制或部分预制的骨架和板材连接而成的。

五、按建筑高度分类

装配式建筑按建筑高度分类，有低层装配式建筑、多层装配式建筑、高层装配式建筑、超高层装配式建筑。

任务3 装配式建筑的常用术语

1. 预制混凝土构件

预制混凝土构件又称为PC构件，是在工厂或工地预先加工制作的建筑物或构筑物的混凝土部件。采用预制混凝土构件进行装配化施工，具有节约劳动力、克服季节影响、便于常年施工等优点。推广预制混凝土构件，是实现建筑工业化的重要途径之一。

2. 部件

部件是在工厂或现场预先生产制作完成，构成建筑结构系统的结构构件及其他构件的统称。

3. 部品

部品是由工厂生产，构成外围护系统、设备与管线系统、内装系统的建筑单一产品或复合产品组装而成的功能单元的统称。

建筑部品（或装修部品）一词来源于日文。在20世纪90年代初期，我国建筑科研、设计机构学习借鉴日本的经验，结合我国实际，从建筑集成技术化的角度，提出了发展"建筑部品"这一概念。建筑部品由建筑材料、单个产品（制品）和零配件等，通过设计并按照标准在现场或工厂组装而成,且能满足建筑中该部位规定的功能要求。建筑部品包括集成卫浴、整体屋面、复合墙体、组合门窗等。建筑部品主要由主体产品、配套产品、配套技术称专用设备四部分构成。

(1) 主体产品是指在建筑某特定部位能够发挥主要功能的产品。主体产品应具有规定的功能和较高的技术集成度,具备生产制造模数化、尺寸规格系列化、施工安装标准化的特征。

(2) 配套产品是指主体产品应用所需的配套材料、配套件。配套产品要符合主体产品的标准和模数要求,应具备接口标准化、材料设备专用化、配件产品通用化的特征。

(3) 配套技术是指主体产品和配套产品的接口技术规范和质量标准,以及产品的设计、施工、维护、服务规程和技术要求等,应满足国家标准的要求。

(4) 专用设备是指主体产品和配套产品在整体装配过程中所采用的专用工具和设备。建筑部品除具备以上四部分外,在建筑功能上必须能够更加直接表达建筑物某些部位的一种或多种功能要求;内部构件与外部相连的部件具有良好的边界条件和界面接口技术;具备标准化设计、工业化生产、专业化施工和社会化供应的条件和能力。

建筑部品是建筑产品的特殊形式,建筑部品是特指针对建筑某一特定的功能部位,而建筑产品是泛指是针对建筑所需的各类材料、构件、产品和设备的统称。

4. 装配率

《装配式建筑评价标准》GB/T 51129—2017 的 2.0.2 中指出,装配率是指单体建筑室外地坪以上的主体结构、围护墙和内隔墙、装修和设备管线等采用预制部品部件的综合比例。《装配式混凝土结构技术规程》JGJ 1—2014 的 3.0.2 中指出,装配式建筑设计应遵循少规格、多组合的原则。装配率可以通过概念进行计算,根据预制构件和建筑部品的类别,采用面积比或数量比进行计算,还可以采用长度比等方式计算。

课后练习

一、单选题

1. 装配式建筑设计应遵循(　　)的原则。
   A. 多规格、多组合　　　　　　　B. 少规格、少组合
   C. 多规格、少组合　　　　　　　D. 少规格、多组合

2. 从狭义上理解和定义,装配式建筑是指(　　)。
   A. 不需要人工的建筑
   B. 指将预制部品、部件通过可靠的连接方式在工地装配而成的建筑
   C. 就是传统的建筑
   D. 没有抗震要求的建筑

3. 部件是在(　　)预先生产制作完成,构成建筑结构系统的结构构件及其他构件的统称。
   A. 工厂　　　　B. 现场　　　　C. 工厂或现场　　　　D. 没有要求的地点

4. 预制混凝土构件又称(　　)构件。
   A. BC　　　　B. PC　　　　C. PA　　　　D. MC

5. (　　)是在工厂或现场预先制作完成,构成建筑结构系统的结构构件及其他构件

的统称。

  A. 部品　　　　　B. 部件　　　　　C. 模块　　　　　D. 模具

二、多选题

1. 装配式建筑结构类型包括（　　）。

  A. 装配式木结构建筑　　　　　B. 装配式混凝土结构
  C. 装配式混合结构建筑　　　　D. 装配式钢结构建筑

2. 采用预制混凝土构件进行装配化施工，具有（　　）等优点。

  A. 节约劳动力　　　　　　　　B. 克服季节影响
  C. 便于常年施工　　　　　　　D. 增加现场湿作业

3. 装配式混凝土建筑应遵循建筑全寿命周期的可持续性原则，并应标准化设计、（　　）生产、（　　）施工、一体化装修、（　　）管理和智能化应用。

  A. 工厂化　　　　B. 装配式　　　　C. 人工化　　　　D. 信息化

三、判断题

1. 装配式建筑与传统建筑相比没什么优势。（　　）
2. 部件与部品是同一个概念。（　　）
3. 装配式建筑是建筑业可持续发展的需要，是国家可持续发展的需要。（　　）
4. 目前中国众多的装配式建筑结构体系，主要以装配式混凝土结构为主。（　　）
5. 装配式混凝土建筑无论是构件生产还是施工，都必须严格遵守规范规定。（　　）

四、简答题

1. 从狭义上理解什么是装配式建筑？
2. 什么是装配率？

教学单元 2　装配式建筑的发展历程

任务 1　国外装配式建筑的发展及应用现状

一、美国

美国国会在 1976 年通过了国家工业化住宅建造及安全法案以及严格的行业规范和标准，从此装配式混凝土结构与装配式钢结构住宅在美国开始广泛流行。21 世纪初，美国和加拿大的大城市新建住宅的结构类型以装配式混凝土和装配式钢结构为主，用户可通过标准化、系列化、专业化的产品目录订购住宅用构件和部品，通过电气自动化和机械化实现构件生产的商品化和社会化。

二、德国

德国在第二次世界大战后开始推行多层装配式住宅，并于 20 世纪 70 年代广泛流行。从开始采用普通的混凝土叠合板、装配式剪力墙结构到近年的零能耗被动式装配建筑，德国形成了强大的混凝土结构装配式建筑产业链，其新建别墅等建筑基本为全装配式钢结构形式。

三、新加坡

新加坡自 20 世纪 80 年代以来，为了解决人多地少以及环保节能问题，全国 80% 的住宅采用装配式混凝土结构建造，住宅高度大部分在 15～30 层。通过单元化布局，达到标准化设计、流水线生产、工业化施工的要求，装配率达到 70%。

四、日本

日本是世界上率先在工厂里生产住宅的国家，早在 1968 年，"住宅产业化"一词就在日本出现，住宅产业化是随着住宅生产工业化的发展而出现的。

日本是世界上装配式混凝土建筑技术运用得最为成熟的国家，高层、超高层钢筋混凝土结构建筑很多是装配式建筑。多层建筑较少采用装配式，因为模具周转次数少，装配式造价太高。日本的装配式混凝土建筑多为框架结构、框-剪结构和筒体结构，预制率比较高。日本许多钢结构建筑也用混凝土叠合楼板、预制楼梯和外挂墙板。日本的装配式混凝土建筑的质量较高，但绝大多数构件都不是在流水线上生产的，因为梁、柱和外挂墙板不适合流水线生产。

标准化是推进住宅产业化的基础，日本住宅部件化程度很高。由于有齐全、规范的住宅建筑标准，建房时从设计开始，就采用标准化设计，产品生产时也使用统一的产品标准。因此，建房时用部件组装十分普及。

日本低层建筑装配式比例非常高。别墅大都是装配式建筑，结构体系是钢结构＋水泥基轻质墙板，内装都是自动化生产线生产的。

任务2　国内装配式建筑的发展及应用现状

我国的装配式混凝土构件在20世纪五六十年代起步，当时主要是简单的预制楼板；20世纪80年代后期，受当时经济条件和技术水平的限制，上述装配式建筑的功能和物理性能等逐渐显露出许多缺陷和不足，我国有关装配式建筑的设计和施工技术的研发工作又没有跟上社会需求及技术的发展和变化，致使到20世纪80年代末，装配式建筑开始迅速滑坡。2010年左右又重新兴起，并且开始向装配式混凝土建筑体系发展。北京、上海、深圳、济南、沈阳等城市对装配式建筑的推进，带动了多地的装配式建筑发展，众多企业纷纷启动装配式建筑试点项目，出现了多种新型结构体系和技术路线，形成了"百花齐放、百家争鸣"的良好发展态势。

一、装配式结构发展现状

1. 装配式木结构建筑

从20世纪70年代至今，木结构在世界各国发展较快，特别是在欧洲、北美洲和日本等发达国家和地区，木结构的研究与应用得到了较为充分的发展。木结构在北美洲占据房屋住宅较大市场，加拿大在木结构住宅产业中推行标准化、工业化，其配套安装技术很成熟。我国近年来日益重视节能减排，对先进的木结构产品及技术也开始重视，越来越关注木结构建筑在我国的应用。

在公元前200年左右的汉代，木结构体系有了初步发展，结构以抬梁式和穿斗式为主。中国木结构建筑不但是真实的装配式建筑，还在构件设计制作时还采用了现代装配式建筑设计理念，集建筑、结构、装饰为一体的集成化设计。从隋代开始，经历唐代到宋代，木结构逐步发展为标准化、程式化和模数化。特别是宋代编纂的《营造法式》，总结出木结构设计原则、加工标准、施工规范等，使木结构建造技艺上了一个较大的台阶。木结构技术在元代出现了"减柱法"，工匠大胆地抽去若干柱子，并用弯曲的木料作梁架构件。明代、清代为了进一步节省木材，木结构建造技艺又有了新发展，明代《鲁班经》和清代工部《工程做法则例》是对新的木结构建造技艺的总结。

2. 装配式钢结构建筑

我国装配式钢结构的发展可以分为4个阶段：

① 20世纪五六十年代的兴起时期。这个时期借助苏联的技术和援助，我国新建了大批钢结构厂房，培养了一批钢结构技术队伍——他们在钢结构设计、制造和安装方面逐渐

成为技术骨干。

② 20世纪70年代的低潮时期。这个时期由于多方面的原因，钢结构的科研、设计、施工基本停滞不前。

③ 20世纪八九十年代的发展时期。这个时期钢产量快速增加，钢材型号也多样化，除了钢结构厂房继续大规模发展外，发达地区也开始建造钢结构房屋。

④ 21世纪初至今的兴盛时期。这个时期钢结构研究和设计水平大为提升，钢材高强度、防腐、防火和连接技术达到国际先进水平，我国陆续建造了大批高层钢结构房屋、大跨度钢结构桥梁、异形钢结构机场航站楼和高铁站等建筑物。

3. 装配式混凝土结构建筑

目前中国众多的装配式建筑结构体系，主要以装配式混凝土结构为主，其次为钢结构。其中预制装配式混凝土结构又以剪力墙结构和框架结构为主要代表，装配式混凝土剪力墙体系基本成熟并广泛应用于实际工程，其他体系正在研究和推广过程中。截至2019年9月，全国已有近40个装配式混凝土建筑示范城市，200多个装配式混凝土建筑产业基地，400多个装配式混凝土建筑示范工程，近30个装配式混凝土建筑科技创新基地。

2016年国务院办公厅发布《国务院办公厅关于大力发展装配式建筑的指导意见》中提出"以京津冀、长三角、珠三角三大城市群为重点推进地区，常住人口超过300万的其他城市为积极推进地区，其余城市为鼓励推进地区，因地制宜发展装配式混凝土结构、钢结构和现代木结构等装配式建筑。力争用10年左右的时间，使装配式建筑占新建建筑面积的比例达到30%。同时，逐步完善法律法规、技术标准和监管体系，推动形成一批设计、施工、部品部件规模化生产企业，具有现代装配建造水平的工程总承包企业以及与之相适应的专业化技能队伍。"的工作目标。

2017年3月，住房和城乡建设部发布《"十三五"装配式建筑行动方案》《装配式建筑示范城市管理办法》《装配式建筑产业基地管理办法》等一系列政策性文件，助推装配式建筑的发展。

2022年1月，住房和城乡建设部发布《"十四五"建筑业发展规划》，"十四五"时期发展目标是对标2035年远景目标，初步形成建筑业高质量发展体系框架，建筑市场运行机制更加完善，营商环境和产业结构不断优化，建筑市场秩序明显改善，工程质量安全保障体系基本健全，建筑工业化、数字化、智能化水平大幅提升，建造方式绿色转型成效显著，加速建筑业由大向强转变，为形成强大国内市场、构建新发展格局提供有力支撑。智能建造与新型建筑工业化协同发展的政策体系和产业体系基本建立，装配式建筑占新建建筑的比例达到30%以上，打造一批建筑产业互联网平台，形成一批建筑机器人标志性产品，培育一批智能建造和装配式建筑产业基地。

二、国家关于装配式结构政策

近来，全国各省、市、地区都出台了装配式建筑政策，下面以几个代表性的省市来说明。

1. 上海市装配式建筑政策

2015 年，上海市建筑建材业市场管理总站和上海市住宅建设发展中心联合下发通知，要求上海市装配式保障房项目宜采用设计（勘察）、施工、构件采购工程总承包招标。对总建筑面积达到 3 万 m² 以上，且预制装配率达到 45% 及以上的装配式住宅项目，每平方米补贴 100 元，单个项目最高补贴 1000 万元；对自愿实施装配式建筑的项目给予不超过 3% 的容积率奖励；装配式建筑外墙采用预制夹心保温墙体的，给予不超过 3% 的容积率奖励。在土地源头实行"两个强制比率"：2015 年在供地面积总量中落实装配式建筑的建筑面积比例不少于 30%，2016 年起不低于 40%；2016 年外环线以内符合条件的新建民用建筑全部采用装配式建筑，外环线以外装配式建筑所占比例达到 50%，2017 年起外环以外在 50% 基础上逐年增加。

2. 四川省装配式建筑政策

2016 年 3 月，四川省政府印发《关于推进建筑产业现代化发展的指导意见》。2016—2017 年，在成都、乐山、广安、西昌 4 个建筑产业现代化试点城市，形成较大规模的产业化基地。到 2025 年，装配率达到 40% 以上的建筑，占新建建筑的比例达到 50%；桥梁、水利、铁路建设装配率达到 90%，新建住宅全装修达 70%。在减税、奖励方面，支持建筑产业现代化关键技术攻关和相关研究，经申请被认定为高新技术企业的，减按 15% 的税率缴纳企业所得税。在符合相关法律法规的前提下，对实施预制装配式建筑的项目研究制订容积率奖励政策。按照建筑产业现代化要求建造的商品房项目，还将在项目预售资金监管比例、政府投资项目投标、专项资金、评优评奖、融资等方面获得支持。大型公共建筑全面应用钢结构——《关于推进建筑产业现代化发展的指导意见》明确提出，推广应用装配式混凝土结构、钢结构、钢筋混凝土结构、轻钢龙骨结构、木结构等建筑结构体系。抗震设防烈度 7 度以上地区，政府投资的办公楼、保障性住房、医院、学校、体育馆、科技馆、博物馆、图书馆、展览馆、棚户区危旧房改造工程、历史建筑保护维护加固工程，大跨度、大空间和单体面积超过 2 万 m² 的公共建筑，全面应用钢结构；社会投资的文化体育、教育医疗、商业仓储等公共建筑，100m 以上的超高层建筑和工业园区工业厂房（除特殊功能需求外）及抗震设防烈度地区 7 度以下地区的政府投资项目，积极推广应用钢结构；农村居民住房建设推荐使用轻型钢结构，地震灾区农房建设大力推广使用轻型钢结构。大力发展绿色节能产品与资源循环利用技术。

3. 山东省装配式建筑政策

山东省积极推动建筑产业现代化，研究编制并推广应用全省统一的设计标准和建筑标准图集，推动建筑产品订单化、批量化、产业化；积极推进装配式建筑和装饰产品工厂化生产，建立适应工业化生产的标准体系；大力推广住宅精装修，推进土建装修一体化，推广精装房和装修工程菜单式服务，2017 年设区城市新建高层住宅实行全装修，2020 年新建高层、小高层住宅淘汰毛坯房。《山东省绿色建筑与建筑节能发展"十三五"规划（2016—2020 年）》明确提出，要强力推进装配式建筑发展，大力发展装配式混凝土建筑和钢结构建筑，积极倡导发展现代木结构建筑，到规划期末，设区城市和县级市装配式建筑占新建建筑的比例分别达到 30% 和 15%。

4. 广西壮族自治区装配式建筑政策

2016 年 8 月 29 日，广西壮族自治区住房和城乡建设厅等 12 个部门联合印发《关于大力推广装配式建筑促进我区建筑产业现代化发展的指导意见》（以下简称《指导意见》），明确提出广西要大力推广装配式建筑，减少建筑垃圾和扬尘污染，缩短建造工期，提升工程质量，促进广西建筑产业现代化发展，推动建筑产业转型升级。根据《指导意见》，广西全区积极培育自治区级建筑产业现代化综合城市，建成自治区级建筑产业现代化基地。到2020年年底，装配式建筑占新建建筑的比例达到25％以上。到2025年年底，全区装配式建筑占新建建筑的比例达到35％。《指导意见》要求，广西各设区市要结合实际，制定本地区建筑产业现代化发展规划；要以预制装配式混凝土结构和钢结构为重点，加快研究制定符合广西实际的建筑产业现代化设计、生产、装配式施工等环节的技术标准、规范等体系；要引进区外建筑产业现代化优势企业，吸收推广先进技术和管理经验，培育一批具备技术研发、设计、生产、施工的高水平企业。

课后练习

一、单选题

1. 党的二十大报告指出"积极稳妥推进碳达峰碳中和""推动能源清洁低碳高校利用，推进工业、建筑、交通等领域（　　）转型"。
   A. 节约实惠　　　　B. 清洁低碳　　　　C. 专用性　　　　D. 通用性

2. 目前中国的装配式结构体系主要以（　　）为主。
   A. 装配式木结构　　　　　　　　B. 装配式钢结构
   C. 装配式砖结构　　　　　　　　D. 装配式混凝土结构

3. 2016年国家大力发展装配式建筑，力争用10年左右的时间，使装配式建筑占新建建筑面积的比例达到（　　）。
   A. 30％　　　　B. 15％　　　　C. 25％　　　　D. 50％

4. （　　）我国装配式建筑开始迅速滑坡。
   A. 20世纪五六十年代　　　　　　B. 20世纪80年代末
   C. 20世纪70年代　　　　　　　　D. 20世纪90年代

5. 我国的装配式混凝土构件在（　　）起步。
   A. 20世纪五六十年代　　　　　　B. 20世纪80年代末
   C. 20世纪70年代　　　　　　　　D. 20世纪90年代

6. 我国装配式钢结构的发展可以分为（　　）个阶段。
   A. 二　　　　B. 三　　　　C. 四　　　　D. 五

二、多选题

装配式建筑按建筑高度分类，分为（　　）。
   A. 底层装配式建筑　　　　　　　B. 多层装配式建筑
   C. 高层装配式建筑　　　　　　　D. 超高层装配式建筑

三、判断题

1. 装配式建筑最早起源于中国。（　　）
2. 我国装配式木结构建筑最早开始于公元前200年左右的汉代，结构以穿斗式和抬梁式为主。（　　）
3. 装配式建筑具有现场湿作业少的特点。（　　）

4. 装配整体式混凝土结构的安全性、适应性、耐久性应该基本达到与现浇混凝土结构等同的效果。（　　）

5. 就年代而言，装配式木结构发展最早，装配式混凝土结构和装配式钢结构起步较迟。（　　）

教学单元 3　装配式建筑的评价标准

装配式建筑的装配化程度由装配率来衡量。装配率是指单体建筑室外地坪以上的主体结构、围护墙和内隔墙、装修和设备管线等采用预制部品部件的综合比例。构成装配率的衡量指标相应包括装配式建筑的主体结构、围护墙和内隔墙、装修与设备管线等部分的装配比例。

一、评价单元的确定

装配式建筑的装配率计算和装配式建筑等级评价应以单体建筑作为计算和评价单元,并应符合下列规定:
① 单体建筑应按项目规划批准文件的建筑编号确认。
② 建筑由主楼和裙房组成时,主楼和裙房可按不同的单体建筑进行计算和评价。
③ 单体建筑的层数不大于三层,且地上建筑面积不超过 $500m^2$ 时,可由多个单体建筑组成建筑组团作为计算和评价单元。

二、评价的分类

为保证装配式建筑评价质量和效果,切实发挥评价工作的指导作用,装配式建筑评价分为预评价和项目评价,并符合下列规定:
1. 设计阶段宜进行预评价,并应按设计文件计算装配率。预评价的主要目的是促进装配式建筑设计理念尽早融入项目实施中。如果预评价结果满足控制项要求,评价项目可结合预评价过程中发现的不足,通过调整和优化设计方案,进一步提高装配化水平;如果预评价结果不满足控制项要求,评价项目应通过调整和修改设计方案使其满足要求。
2. 项目评价应在项目竣工验收后进行,并应按竣工验收资料计算装配率和确定评价等级。评价项目应通过工程竣工验收后再进行项目评价,并以此评价结果作为项目最终评价结果。

三、认定评价标准

《装配式建筑评价标准》GB/T 51129—2017 的 3.0.3 条中明确指出,装配式建筑应同时满足下列 1~4 项的要求。
1. 主体结构部分的评价分值不低于 20 分
主体结构包括柱、支撑、承重墙、延性墙板等竖向构件以及梁、板、楼梯、阳台、空调板等水平构件。这些构件是建筑物主要的受力构件,对建筑物的结构安全起决定性的作用。推进主体结构的装配化对发展装配式建筑有着非常重要的意义。

2. 围护墙和内隔墙部分的评价分值不低于 10 分

新型建筑墙体的应用对提高建筑质量和品质、改变建造方式等都具有重要意义。积极引导和逐步推广新型建筑墙体也是装配式建筑的重点工作。非砌筑是新型建筑墙体的共同特征之一。将围护墙和内隔墙采用非砌筑类型墙体作为装配式建筑评价的控制项，也是为了推动其更好地发展。非砌筑类型墙体包括采用各种中大型板材、幕墙、木材及复合材料的成品或半成品复合墙体等，满足工厂生产、现场安装、以"干法"施工为主的要求。

对外围护墙和内隔墙采用非砌筑墙体给出 50% 的最低应用比例的规定，一是综合考虑了各种民用建筑的功能需求和装配式建筑工程实践中的成熟经验；二是按照适度提高标准，具体措施切实可行的原则。

3. 采用全装修

全装修是指建筑功能空间的固定面装修和设备设施安装全部完成，达到建筑使用功能和建筑性能的基本要求。

发展建筑全装修是实现建筑标准提升的重要内容之一。不同建筑类型的全装修内容和要求可能是不同的。对于居住、教育、医疗等建筑类型，在设计阶段即可明确建筑功能空间对使用和性能的要求及标准，应在建造阶段实现全装修。对于办公、商业等建筑类型，其部分功能空间对使用和性能的要求及标准等需要根据承租方的要求进行确定时，应在建筑公共区域等非承租部分实施全装修，并对实施"二次装修"的方式、范围、内容等做出明确规定，评价时可结合两部分内容进行。此外，装配式建筑宜采用装配化装修。

装配化装修是将工厂生产的部品部件在现场进行组合安装的装修方式，主要包括干式工法楼面地面、集成厨房、集成卫生间、管线分离等。

集成厨房是指地面、吊顶、墙面、橱柜、厨房设备及管线等通过集成设计、工厂生产，在工地主要采用干式工法装配完成的厨房。集成厨房多指居住建筑中的厨房。集成卫生间是指地面、吊顶、墙板和洁具设备及管线等通过集成设计、工厂生产，在工地主要采用干式工法装配完成的卫生间。集成卫生间充分考虑卫生间空间的多样组合或分隔，包括多器具的集成卫生间产品和仅有洗面、洗浴或便溺等单一功能模块的集成卫生间产品。集成厨房和集成卫生间是装配式建筑装饰装修的重要组成部分，其设计应按照标准化、系列化原则，并符合干式工法施工的要求，在制作和加工阶段全部实现装配化。

4. 装配率不低于 50%

四、装配率计算方法

1. 装配率总分计算

装配率应根据评价项得分值（表 1-1），按式（1-1）计算：

$$P = \frac{(Q_1 + Q_2 + Q_3)}{(100 - Q_4)} \times 100\% \qquad (1\text{-}1)$$

式中　P——装配率；

Q_1——主体结构指标实际得分值；

Q_2——围护墙和内隔墙指标实际得分值；

Q_3——装修与设备管线指标实际得分值；
Q_4——评价项目中缺少的评价项分值总和。

装配式建筑评分表　　　　　　　　　　　　表1-1

评价项		评价要求	评价分值/分	最低分值/分
主体结构 （50分）	柱、支撑、承重墙、延性墙板等竖向构件	35%≤比例≤80%	20～30*	20
	梁、板、楼梯、阳台、空调板等构件	70%≤比例≤80%	10～20*	
围护墙和 内隔墙 （20分）	非承重围护墙非砌筑	比例≥50%	5	10
	围护墙与保温、隔热、装饰一体化	50%≤比例≤80%	2～5*	
	内隔墙非砌筑	比例≥50%	5	
	内隔墙与管线、装修一体化	50%≤比例≤80%	2～5*	
装修和设备 管线 （30分）	全装修	—	6	6
	干式工法楼面、地面比例	比例≥70%	6	—
	集成厨房	70%≤比例≤90%	3～6*	
	集成卫生间	70%≤比例≤90%	3～6*	
	管线分离	50%≤比例≤70%	4～6*	

注：表中带"＊"项的分值采用"内插法"计算，计算结果取小数点后1位。

2. 柱、支撑、承重墙、延性墙板等主体结构竖向构件应用比例计算

柱、支撑、承重墙、延性墙板等主体结构竖向构件主要采用混凝土材料时，预制部品部件的应用比例应按式（1-2）计算：

$$q_{1a} = \frac{V_{1a}}{V} \times 100\% \tag{1-2}$$

式中　q_{1a}——柱、支撑、承重墙、延性墙板等主体结构竖向构件中预制部品部件的应用比例；

　　　V_{1a}——柱、支撑、承重墙、延性墙板等主体结构竖向构件中预制部品部件中预制混凝土体积之和；

　　　V——柱、支撑、承重墙、延性墙板等主体结构竖向构件混凝土总体积。

当符合下列规定时，主体结构竖向构件间连接部分的后浇混凝土可计入预制混凝土体积：

（1）预制剪力墙墙板之间宽度不大于600mm的竖向现浇段和高度不大于300mm的水平后浇带、圈梁的后浇混凝土体积；

（2）预制框架柱框架梁之间柱梁节点的后浇混凝土体积；

（3）预制柱间高度不大于柱截面较小尺寸的连接区后浇混凝土体积。

3. 梁、板、楼梯、阳台、空调板等构件应用比例计算

梁、板、楼梯、阳台、空调板等构件中预制部品部件的应用比例应按式（1-3）计算：

$$q_{1b} = \frac{A_{1b}}{A} \times 100\% \tag{1-3}$$

式中　q_{1b}——梁、板、楼梯、阳台、空调板等构件中预制部品部件的应用比例；

A_{1b}——各楼层中预制装配梁、板、楼梯、阳台、空调板等构件的水平投影面积之和；

A——各楼层建筑平面总面积。

预制装配式楼板、屋面板的水平投影面积可包括：

（1）预制装配式叠合楼板、屋面板的水平投影面积；

（2）预制构件间宽度不大于300mm的后浇混凝土带水平投影面积；

（3）金属楼承板和屋面板、木楼盖和屋盖及其他在施工现场免支模的楼盖和屋盖的水平投影面积。

4. 非承重围护墙中非砌筑墙体应用比例计算

非承重围护墙中非砌筑墙体应用比例应按式（1-4）计算：

$$q_{2a} = \frac{A_{2a}}{A_{w1}} \times 100\% \tag{1-4}$$

式中　q_{2a}——非承重围护墙中非砌筑墙体的应用比例；

　　　A_{2a}——各楼层非承重围护墙中非砌筑墙体的外表面积之和，计算时可不扣除门、窗及预留洞口等的面积；

　　　A_{w1}——各楼层非承重围护墙外表面总面积，计算时可不扣除门、窗及预留洞口等的面积。

5. 围护墙采用墙体、保温、隔热、装饰一体化的应用比例计算

围护墙采用墙体、保温、隔热、装饰一体化的应用比例应按式（1-5）计算：

$$q_{2b} = \frac{A_{2b}}{A_{w2}} \times 100\% \tag{1-5}$$

式中　q_{2b}——围护墙采用墙体、保温、隔热、装饰一体化的应用比例；

　　　A_{2b}——各楼层围护墙采用墙体、保温、隔热、装饰一体化的墙面外表面积之和，计算时可不扣除门、窗及预留洞口等的面积；

　　　A_{w2}——各楼层围护墙外表面总面积，计算时可不扣除门、窗及预留洞口等的面积。

6. 内隔墙中非砌筑墙体的应用比例计算

内隔墙中非砌筑墙体的应用比例应按式（1-6）计算：

$$q_{2c} = \frac{A_{2c}}{A_{w3}} \times 100\% \tag{1-6}$$

式中　q_{2c}——内隔墙中非砌筑墙体的应用比例；

　　　A_{2c}——各楼层内隔墙中非砌筑墙体的墙面面积之和，计算时可不扣除门、窗及预留洞口等的面积；

　　　A_{w3}——各楼层内隔墙墙面总面积，计算时可不扣除门、窗及预留洞口等的面积。

7. 内隔墙采用墙体、管线、装修一体化的应用比例计算

内隔墙采用墙体、管线、装修一体化的应用比例应按式（1-7）计算：

$$q_{2d} = \frac{A_{2d}}{A_{w3}} \times 100\% \tag{1-7}$$

式中　q_{2d}——内隔墙采用墙体、管线、装修一体化的应用比例；

　　　A_{2d}——各楼层内隔墙采用墙体、管线、装修一体化的墙面面积之和，计算时可不

扣除门、窗及预留洞口等的面积;

A_{w3}——各楼层内隔墙墙面总面积,计算时可不扣除门、窗及预留洞口等的面积。

8. 干式工法楼面、地面的应用比例计算

干式工法楼面、地面的应用比例应按式(1-8)计算:

$$q_{3a} = \frac{A_{3a}}{A} \times 100\% \tag{1-8}$$

式中 q_{3a}——干式工法楼面、地面的应用比例;

A_{3a}——各楼层采用干式工法楼面、地面的水平投影面积之和;

A——各楼层建筑平面总面积。

9. 集成厨房干式工法应用比例计算

集成厨房的橱柜和厨房设备等应全部安装到位。墙面、顶面和地面中干式工法的应用比例应按式(1-9)计算:

$$q_{3b} = \frac{A_{3b}}{A_k} \times 100\% \tag{1-9}$$

式中 q_{3b}——集成厨房干式工法的应用比例;

A_{3b}——各楼层厨房墙面、顶面和地面采用干式工法的面积之和;

A_k——各楼层厨房的墙面、顶面和地面的总面积。

10. 集成卫生间干式工法应用比例计算

集成卫生间的洁具设备等应全部安装到位。墙面、顶面和地面中干式工法的应用比例应按式(1-10)计算:

$$q_{3c} = \frac{A_{3c}}{A_b} \times 100\% \tag{1-10}$$

式中 q_{3c}——集成卫生间干式工法的应用比例;

A_{3c}——各楼层卫生间墙面、顶面和地面采用干式工法的面积之和;

A_b——各楼层卫生间墙面、顶面和地面的总面积。

11. 管线分离比例计算

管线分离比例应按式(1-11)计算:

$$q_{3d} = \frac{L_{3d}}{L} \times 100\% \tag{1-11}$$

式中 q_{3d}——管线分离比例;

L_{3d}——各楼层管线分离的长度,包括裸露于室内空间以及敷设在地面架空层、非承重墙体空腔和吊顶内的电气、给水排水和采暖管线长度之和;

L——各楼层电气、给水排水和采暖管线的总长度。

五、评价等级划分

当评价项目满足本节"认定评价标准"提到的4点要求且主体结构竖向构件中预制部品部件的应用比例不低于35%时,可进行装配式建筑等级评价。

装配式建筑评价等级划分为A级、AA级、AAA级,等级评价标准如下:

1. 装配率达到 60%～75% 时，评价为 A 级装配式建筑；
2. 装配率达到 76%～90% 时，评价为 AA 级装配式建筑；
3. 装配率达到 91% 及以上时，评价为 AAA 级装配式建筑。

课后练习

一、单选题

1. 装配式建筑评价等级应划分为（　　）。
   A. A 级　B 级　C 级　　　　　　　B. A 级　AA 级　AAA 级
   C. B 级　BB 级　BBB 级　　　　　D. AA 级　BB 级　CC 级
2. 装配式建筑宜采用（　　）装修。
   A. 装配化　　　B. 标准化　　　C. 自动化　　　D. 人工化
3. 装配率计算公式中，Q_1 指的是（　　）。
   A. 主体结构指标实际得分值
   B. 围护墙和内隔墙指标实际得分值
   C. 装修与设备管线指标实际得分值
   D. 评价项目中缺少的评价项分值总和
4. 装配率达到 76%～90% 时，评价为（　　）级装配式建筑。
   A. A　　　　　B. AA　　　　　C. AAA　　　　D. AAAA
5. 《装配式建筑评价标准》GB/T 51129—2017 适用于（　　）的装配化程度。
   A. 工业建筑　　B. 民用建筑　　C. 任何建筑　　D. 预制建筑

二、多选题

1. 关于《装配式建筑评价标准》GB/T 51129—2017 说法正确的有（　　）。
   A. 以装配率作为装配式建筑的评价
   B. 分为预评价和项目评价两个阶段
   C. 指标以预制率作为装配式建筑的评价指标
   D. 应以单体建筑作为计算和评价单元
2. 装配式建筑评价应符合下列规定（　　）。
   A. 设计阶段宜进行预评价，并应按设计文件计算装配率
   B. 项目评价应在项目竣工验收后进行，并应按竣工验收资料计算装配率和确定评价等级
   C. 设计阶段无需进行评价，按竣工验收资料计算装配率和确定评价等级
   D. 按照高度进行评价
3. 装配式建筑应同时满足（　　）。
   A. 主体结构部分的评价分值不低于 20 分
   B. 围护墙和内隔墙部分的评价分值不低于 10 分
   C. 采用全装修
   D. 装配率不低于 50%
4. 构成装配率的衡量指标相应包括（　　）等。
   A. 主体结构　　　　　　　　　　B. 围护结构

C. 内隔墙　　　　　　　　　　D. 装修和设备管线

三、判断题

1. 装配式建筑的装配化程度由装配率来衡量。（　　）
2. 装配率计算和装配式建筑等级评价应以单体建筑作为计算和评价单元。（　　）
3. 装配式建筑是由预制部品部件在工地现浇而成的建筑。（　　）
4. 当评价项目满足《装配式建筑评价标准》GB/T 51129—2017 第 3.0.3 条规定，且主体结构竖向构件中预制部品部件的应用比例不低于 35% 时，可进行装配式建筑等级评价。（　　）

四、简答题

预制装配式楼板、屋面板的水平投影面积可包括哪些？

思政案例

胡努特鲁电厂
——土耳其强震中屹立不倒的中国电厂，震不垮的担当精神

在土耳其南部阿达纳地区的广袤土地上，胡努特鲁电厂犹如一座坚固的灯塔，照亮了中土合作的未来之路。这座由中国企业投资建设的电厂是中土两国建交以来中资企业在土耳其直接投资金额最大的项目，总投资约 17 亿美元，不仅是"一带一路"倡议与土耳其"中间走廊"战略深度融合的典范，更是中国制造实力的生动展现。

2023 年 2 月，面对突如其来的地震灾害，当周边发电厂纷纷停运，胡努特鲁电厂却如同磐石般屹立不倒，连续承受了 7.7 级和 7.6 级强震以及多次余震的考验，依然保持正常运转。这不仅是工程技术的奇迹，更是中国企业对质量标准的坚守与追求。电站的每一砖一瓦，每一台设备，都凝聚着中国制造的智慧与汗水，彰显了中国工程质量的卓越与可靠。

胡努特鲁电厂的坚韧，是中国制造背后成熟强大实力的体现。它向世界证明，中国不仅拥有庞大的制造能力，更具备精湛的工艺技术和严格的质量管理体系。在灾难面前，中国制造没有退缩，而是用实际行动诠释了责任与担当，为土耳其灾区救援提供了宝贵的电力保障。

胡努特鲁电厂是土耳其强震后阿达纳地区唯一一家没有间断运行的发电厂

这一事件，不仅加深了中土两国人民之间的友谊与信任，更让世界看到了中国作为一个负责任大国的形象。中国制造的每一次成功，都是对"基建狂魔"称号的有力诠释，更是对全球发展与合作的重要贡献。让我们以胡努特鲁电厂为骄傲，继续发扬中国制造的优良传统，为构建人类命运共同体贡献更多的中国智慧和力量。

模块 2
装配式混凝土构件制作

学习目标：
1. 了解混凝土预制构件的种类、生产设备；
2. 掌握 PC 构件生产过程以及生产管理；
3. 熟悉预制构件的保护方法；
4. 掌握预制构件常见的质量问题；
5. 培养学生良好的思想品德和吃苦耐劳的职业素养。

课程重点：
1. 预制构件种类；
2. 常用的预制构件的生产流程；
3. 预制构件的保护以及构件质量问题的检测方法等。

教学单元 1　装配式混凝土建筑基本构件

任务 1　混凝土预制构件概念及特点

一、PC 构件的基本概念

PC 构件及混凝土预制构件，英文名称 Precast Concrete，简称 PC。

PC 构件是指通过机械化设备及模具预先生产制作的钢筋混凝土构件，是组成装配式建筑的基本元素，它经过标准设计、工厂化生产，最终现场装配成为整体建筑。为了便于质量控制和检测，PC 构件通常在工厂预制，但是，对于特殊构件或大型构件，由于道路、场地、运输限制，也可以在符合条件的施工现场预制。

二、PC 构件的优点

1. 由于 PC 构件是在构件工程制作完成，构件的工业化生产能够得到很好的保证。构件工业化意味着节约材料并降低成本，并且批量生产也可以保证产品质量及构件表面的光洁度。
2. PC 构件工厂的批量生产，在成熟的施工工艺基础上，施工程序的规范极大地保证了构件的质量及稳定性。
3. PC 构件批量生产，也可以保证其结构性能良好，采用工厂化制作能有效保证结构力学性，离散性小。
4. PC 构件运抵现场已经达到要求的强度，现场安装时工程进度较快，工人的劳动强度较低并且工厂化生产节能，有利于环保，也降低现场施工的噪声。
5. PC 构件施工速度快，产品质量好，表面光洁度高，能达到清水混凝土的装饰效果，使结构与建筑统一协调。

三、PC 构件的缺点

1. 构件批量化生产，无法适应建筑多元性的要求，导致建筑的规格较少。
2. 结构的整体性能较差，不适用于抗震要求较高的建筑。
3. 构件在运输过程中，需要大量的运输设备；现场安装也需要较多的吊装设备，尤其是大型 PC 构件，对吊装机械的要求较高。

任务 2　混凝土预制构件的分类

混凝土预制构件种类繁多，根据其功能差异，可以分为以下三类。一是用于建筑结构体系的结构构件，它们在建筑中承担着主要的承重和支撑作用；二是用于建筑围护体系的围护构件，负责保护建筑内部空间，隔绝外部环境；三是其他具有特定功能或用途的构件。下面就不同种类的构件分别进行说明。

一、结构构件

结构构件是构成建筑物骨架的主要部分，它们承受着建筑物的自重、活荷载以及风荷载、地震荷载等外部作用力，确保建筑物的稳定性和安全性。一般包括：混凝土预制柱（图 2-1）、混凝土预制梁（图 2-2）、混凝土预制剪力墙（图 2-3）和混凝土预制叠合楼板（图 2-4）等。这些主要受力构件通常在工厂预制加工完成运输到现场进行装配施工。

图 2-1　混凝土预制柱

图 2-2　混凝土预制梁

图 2-3 混凝土预制剪力墙

图 2-4 混凝土预制叠合楼板

混凝土预制叠合楼板是一种由预制混凝土底板（也称为基层板）和现场浇筑的混凝土叠合层（也称为面层）组成的楼板体系。这种楼板结合了预制混凝土的高效率和现场浇筑的灵活性，从而提高了施工速度，减少了现场作业量，并有助于提升建筑的整体质量。

二、围护构件

围护构件主要用于保护建筑内部空间免受外部环境的影响，如风雨、噪声、污染等。同时，它们也具有一定的保温、隔热、隔声等功能。按照安装的位置不同可以分为：混凝土预制外墙板、混凝土预制内墙板等；按照板材材料不同可以分为：粉煤灰矿渣混凝土预制墙板、钢筋混凝土预制墙板、轻质混凝土预制墙板、加气混凝土轻质预制板等。

混凝土预制外墙挂板（图 2-5）：是指应用于外挂墙板系统中的非结构预制混凝土墙板构件。该系统由预制混凝土外墙挂板、墙板与主体结构连接节点、防水密封构造、外饰面材料等组成，具有规定的承载能力、变形能力、适应主体结构位移能力、防水性能、防火性能等，起围护或装饰作用的外围护结构系统。

图 2-5　混凝土预制外墙挂板

混凝土预制叠合夹心保温板（图 2-6）：是由预制混凝土构件作为基础层，中间夹有保温材料，并通过特定的工艺制作而成的一种建筑外墙板。其结构一般由外层的预制混凝土板、中间的保温层以及可能的加强层或内层板组成，形成类似于"三明治"的结构。

图 2-6　混凝土预制叠合夹心保温板

三、其他构件

其他构件包括：混凝土预制空调板、混凝土预制楼板、混凝土预制女儿墙、混凝土预制楼梯（图 2-7）、混凝土预制阳台板（图 2-8）、混凝土预制装饰构件（图 2-9）等。

图 2-7　混凝土预制楼梯　　　图 2-8　混凝土预制阳台板　　　图 2-9　混凝土预制装饰构件

任务 3　PC 构件的表示方法及含义

一、预制混凝土叠合板的识读

预制混凝土叠合板由底板、后浇叠合层、桁架钢筋、底筋组成（图 2-10）。

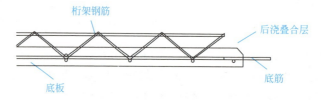

图 2-10　预制混凝土叠合板结构示意图

桁架钢筋混凝土叠合板宽 1200mm 双向板底板边板模板及配筋图如图 2-11 所示。

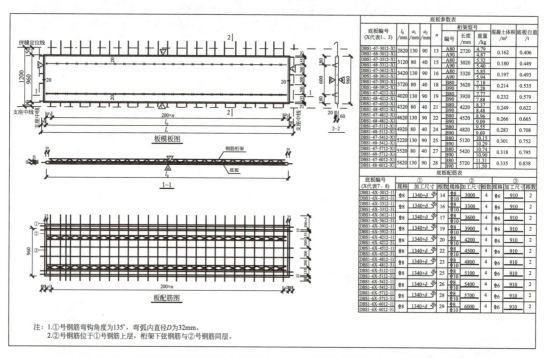

图 2-11　桁架钢筋混凝土叠合板宽 1200mm 双向板底板边板模板及配筋图

1. 规格及编号

桁架钢筋混凝土叠合板用底板（双向板）。四边支承的长方形的板，如跨度与宽度值小于 2 时称之为双向板（图 2-12）。在荷载作用下，将在纵横两个向产生弯矩，沿两个垂直方向配置受力钢筋。

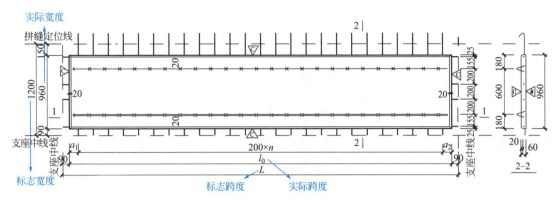

图 2-12 桁架钢筋混凝土叠合板双向板

桁架钢筋混凝土叠合板用底板（双向板）编号如下：

$$\underset{①②}{\underline{DBSX}} - \underset{③④}{\underline{XX}} - \underset{⑤}{\underline{XX}}\underset{⑥}{\underline{XX}} - \underset{⑦}{\underline{XX}} - \underset{⑧}{\underline{\delta}}$$

含义如下：
① 为桁架钢筋混凝土叠合板用底板（双向板）；
② 为叠合板类别（1 为边板，2 为中板）；
③ 为预制底板厚度，以 cm 计；
④ 为后浇叠合层厚度，以 cm 计；
⑤ 为标志跨度，以 dm 计；
⑥ 为标志宽度，以 dm 计；
⑦ 为底板跨度及宽度方向钢筋代号；
⑧ 为调整宽度。

底板跨度及宽度方向钢筋代号见表 2-1，双向板底板宽度及跨度见表 2-2。

双向叠合板用底板跨度方向、宽度方向钢筋代号组合表　　　　表 2-1

宽度方向钢筋	跨度方向钢筋			
	⌀8@200	⌀8@150	⌀10@200	⌀10@150
⌀8@200	11	21	31	41
⌀8@150	—	22	32	42
⌀8@100	—	—	—	43

双向板底板宽度及跨度表　　　单位：mm　表 2-2

	双向板底宽度					双向板底板跨度					
标志宽度	1200	1500	1800	2000	2400	标志跨度	3000	3300	3600	3900	4200	4500
边板实际宽度	960	1260	1560	1760	2160	实际跨度	2820	3120	3420	3720	4020	4320
中板实际宽度	900	1200	1500	1700	2100	标志跨度	4800	5100	5400	5700	6000	—
						实际跨度	4620	4920	5220	5520	5820	—

例：底板编号 DBS1-67-3620-31。

表示双向受力叠合板用底板，拼装位置为边板，预制底板厚度为 60mm，后浇叠合层厚度为 70mm，预制底板的标志跨度为 3600mm，预制底板的标志宽度为 2000mm，底板跨度方向配筋为Φ10@200，底板宽度方向配筋为Φ8@200。

例：底板编号 DBS2-67-3620-31。

表示双向受力叠合板用底板，拼装位置为中板，预制底板厚度为 60mm，后浇叠合层厚度为 70mm，预制底板的标志跨度为 3600mm，预制底板的标志宽度为 2000mm，底板跨度方向配筋为Φ10@200，底板宽度方向配筋为Φ8@200。

2. 图例（表 2-3）

叠合板图例及符号汇总表　　　　　　　　　　　　　表 2-3

名称	图例/符号
预制楼板	 ▬
后浇段	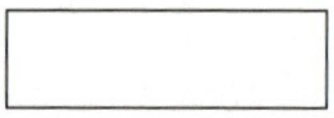 ▭
防腐木砖	 ⊠
预埋线盒	 ⊠
粗糙面	 △C
模板面	 △M
吊件位置	▲
PVC 线盒	 ⊕
金属线盒	 ⊕R
止水节	 Z
刚性防水套管	 FT
预留孔洞	 ○

3. 钢筋桁架规格及编号

预制叠合板中桁架钢筋通过电阻点焊接连接形成桁架，以钢筋为其上弦、下弦及腹杆。图 2-13 为钢筋桁架 A80 剖面图，表 2-4 为钢筋桁架的规格及代号表。

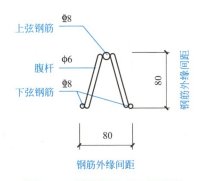

图 2-13 钢筋桁架 A80 剖面图

钢筋桁架的规格及代号表　　　　　　　　　　　表 2-4

桁架代号	上弦钢筋公称直径/mm	下弦钢筋公称直径/mm	腹杆钢筋公称直径/mm	桁架设计高度/mm	60mm 厚底板叠合层厚度/mm
A80	8	8	6	80	70
A90	8	8	6	90	80
A100	8	8	6	100	90
B80	10	8	6	80	70
B90	10	8	6	90	80
B100	10	8	6	100	90

二、预制混凝土剪力墙外墙板的识读

预制混凝土剪力墙外墙板又称预制混凝土夹心保温外墙板，适用于非组合式承重，是内外两层混凝土板采用拉接件可靠连接，中间夹有保温材料的外墙板，简称夹心保温外墙板，具有结构、保温、装饰一体化的特点。夹心保温外墙板由内叶墙板、保温材料和外叶墙板三部分构成（图 2-14），保温材料置于内外叶墙板之间，外叶墙板作为荷载通过贯穿保温层的拉结件与承重内叶墙板相连。

预制外墙板对应层高分别为 2.8m、2.9m 和 3.0m。外墙板门窗洞口宽度尺寸采用的模数均为 3M，承重内叶墙板厚度为 200mm，外叶墙板厚度为 60mm，中间夹心保温层厚度为 30～100mm。楼板和预制阳台板的厚度为 130mm，建筑面层做法厚度分为 50mm 和 100mm 两种。

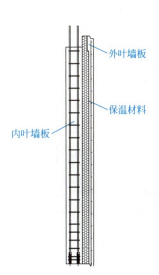

图 2-14 预制混凝土剪力墙外墙板组成示意图

国家建筑标准设计图集中的墙板模板图（图 2-15），主要表达了墙板的编号、墙板的各视角视图、预制配件明细表、预埋线盒位置选用、钢筋表。根据图示参数可以为预制构件加工过程中模具提供具体尺寸，钢筋类型及摆放位置和预埋件种类、数量以及摆放位置

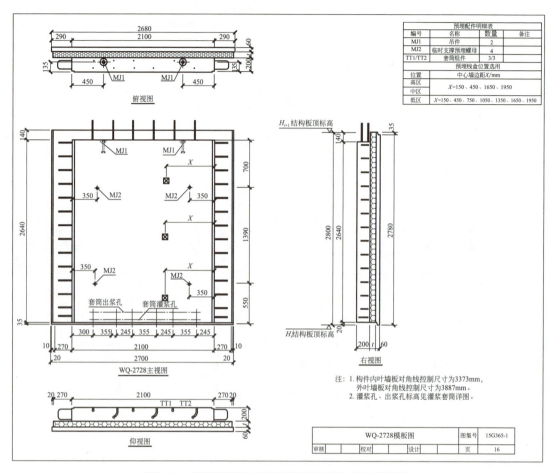

图 2-15 预制混凝土剪力墙外墙板 WQ-2728 模板图

等信息。

1. 规格及编号

(1) 内叶墙板编号。《预制混凝土剪力墙外墙板》15G365-1 中根据预制内叶墙板不同分为 5 种类型,具体表示形式见表 2-5,墙板编号示例见表 2-6。

预制混凝土剪力墙外墙板内叶墙板编号　　　　　　　表 2-5

墙板类型	示意图	墙板编号
无窗洞口外墙		WQ(无窗洞口外墙)-××(标志宽度)××(层高)
一个窗洞外墙(高窗台)		WQC1[一个窗洞外墙(高窗台)]-××(标志宽度)××(层高)-××(窗宽)××(窗高)

续表

墙板类型	示意图	墙板编号
一个窗洞外墙(矮窗台)		WQCA[一个窗洞外墙(矮窗台)]-××(标志宽度)××(层高)-××(窗宽)××(窗高)
两个窗洞外墙		WQC2(两个窗洞外墙)-××(标志宽度)××(层高)-××(左窗宽)××(左窗高)-××(右窗宽)××(右窗高)
一个门洞外墙		WQM(一个门洞外墙)-××(标志宽度)××(层高)-××(门宽)××(门高)

预制混凝土剪力墙外墙板内叶墙板编号示例　　表 2-6

墙板类型	示意图	墙板编号示例	标志宽度	层高	门/窗宽	门/窗高	门/窗宽	门/窗高
无窗洞口外墙		WQ-2428	2400	2800	—	—	—	—
一个窗洞外墙（高窗台）		WQC1-3028-1514	3000	2800	1500	1400	—	—
一个窗洞外墙（矮窗台）		WQCA-3029-1517	3000	2900	1500	1700	—	—
两个窗洞外墙		WQC2-4830-0615-1515	4800	3000	600	1500	1500	1500
一个门洞外墙		WQM-3628-1823	3600	2800	1800	2300	—	—

（2）外叶墙板。根据图集《预制混凝土剪力墙外墙板》15G365-1，外叶墙板共有两种，见图 2-16。标准外叶墙板编号为 WY1（a，b），按实际情况标注出 a、b，当 a、b 均为 290mm 时，仅注写 WY1；带阳台外叶墙板编号为 WY2（a、b、C_L 或 C_R、d_L 或 d_R），按外叶墙板实际情况标注 a、b、C_L 或 C_R、d_L 或 d_R。

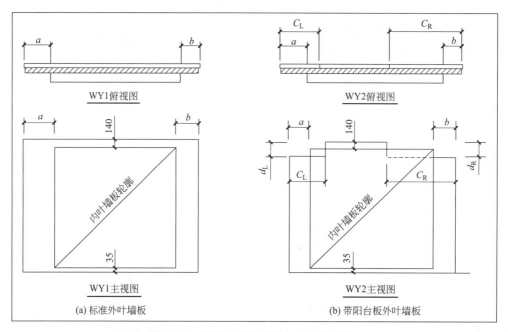

图 2-16　外叶墙板类型图（内表面视图）

2. 图例（表 2-7）

预制混凝土剪力墙外墙板图例及符号汇总表　　　　表 2-7

名称	图例/符号
预制墙板	▬
后浇段	▭
保温层	▨
防腐木砖	⊠
预埋线盒	⊠
粗糙面	△C
外表面	▲
内表面	NS
吊件	MJ1
临时支撑预埋螺母	MJ2
临时加固预埋螺母	MJ3
300mm 宽填充用聚苯板	B-30
450mm 宽填充用聚苯板	B-45
500mm 宽填充用聚苯板	B-50
50mm 宽填充用聚苯板	B-5

3. 预制混凝土剪力墙钢筋骨架结构

（1）无洞口外墙内叶墙板的钢筋骨架示意图见图2-17。

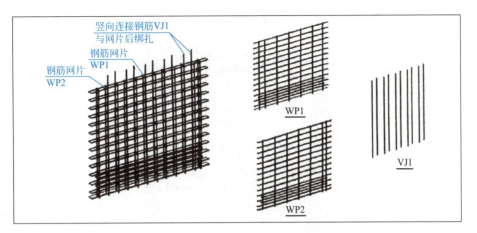

图2-17　无洞口外墙内叶墙板的钢筋骨架示意图

（2）一个窗洞外墙（高窗台）内叶墙板的钢筋骨架示意图见图2-18。

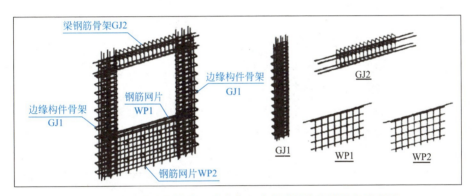

图2-18　一个窗洞外墙（高窗台）内叶墙板的钢筋骨架示意图

（3）一个窗洞外墙（矮窗台）内叶墙板的钢筋骨架示意图见图2-19。

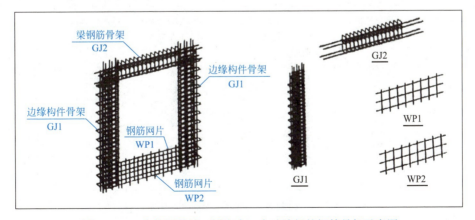

图2-19　一个窗洞外墙（矮窗台）内叶墙板的钢筋骨架示意图

（4）两个窗洞外墙内叶墙板的钢筋骨架示意图见图 2-20。

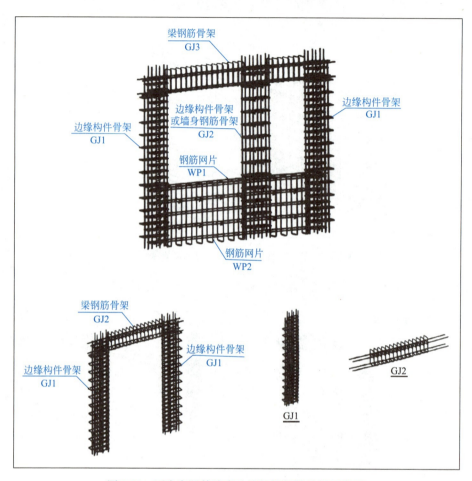

图 2-20　两个窗洞外墙内叶墙板的钢筋骨架示意图

（5）一个门洞外墙的内叶墙板钢筋骨架示意图见图 2-21。

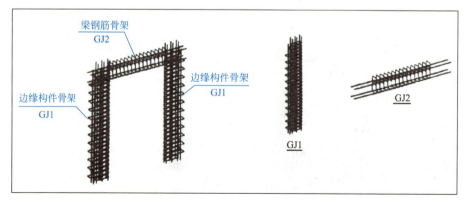

图 2-21　一个门洞外墙的内叶墙板钢筋骨架示意图

三、预制混凝土剪力墙内墙板

预制内墙板对应层高分别为 2.8m、2.9m 和 3.0m。内墙板门窗洞口尺寸分为 900mm 和 1000mm 两种，预制内墙板厚度为 200mm。楼板和预制阳台板的厚度为 130mm，建筑面层做法厚度分为 50mm 和 100mm 两种。内墙板模板图见图 2-22。

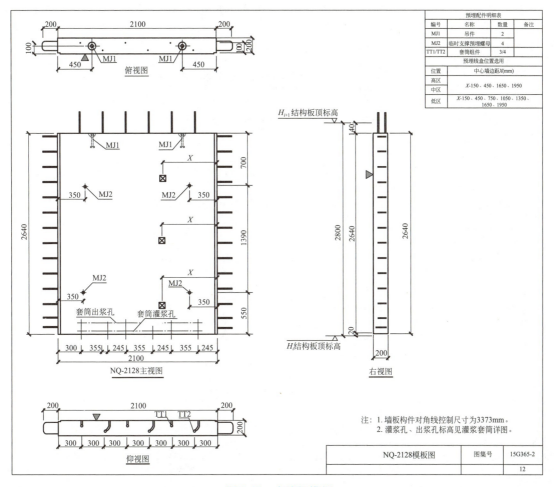

图 2-22 内墙板模板

1. 规格及编号（表 2-8）

预制混凝土剪力墙内墙板编号 表 2-8

墙板类型	示意图	墙板编号
无洞口内墙		NQ（无洞口内墙）-××（标志宽度）××（层高）

续表

墙板类型	示意图	墙板编号
固定门垛内墙		NQM1[一门洞内墙(固定门垛)]-××(标志宽度)××(层高)-××(门宽)××(门高)
中间门洞内墙		NQM2[一门洞内墙(中间门洞)]-××(标志宽度)××(层高)-××(门宽)××(门高)
刀把内墙		NQM3[一个门洞内(墙刀把内墙)]-××(标志宽度)××(层高)-××(门宽)××(门高)

2. 相关示例（表2-9）

预制混凝土剪力墙内墙板编号示例　　表2-9

墙板类型	示意图	墙板编号示例	标志宽度(mm)	层高(mm)	门宽(mm)	门高(mm)
无洞口内墙		NQ-2128	2100	2800	—	—
固定门垛内墙		NQM1-3028-0921	3000	2800	900	2100
中间门洞内墙		NQM2-3029-1022	3000	2900	1000	2200
刀把内墙		NQM3-3329-1022	3300	2900	1000	2200

3. 图例（表2-10）

预制混凝土剪力墙内墙板图例及符号汇总表　　表2-10

名称	图例/符号
预制楼板	
后浇段	

续表

名称	图例/符号
保温层	▨
防腐木砖	⊠
预埋线盒	⊠
粗糙面	△C
装配方向	▲
外表面	WS
内表面	NS
吊件	MJ1
临时支撑预埋螺母	MJ2
临时加固预埋螺母	MJ3
300mm 宽填充用聚苯板	B-30
450mm 宽填充用聚苯板	B-45
500mm 宽填充用聚苯板	B-50
50mm 宽填充用聚苯板	B-5
套筒组件	TT1/TT2
套管组件	TG

课后练习

一、单项选择题

1. PC 构件是组成装配式建筑的（　　），它经过标准设计、工厂化生产，最终现场装配成为整体建筑。

　　A. 基本元素　　　B. 主要元素　　　C. 重要元素　　　D. 一般元素

2. 下列哪个选项不属于装配式混凝土构件的其他构件（　　）。

　　A. 混凝土预制空调板　　　　　B. 混凝土预制楼板

　　C. 混凝土预制阳台板　　　　　D. 混凝土预制外墙挂板

3. 为了减少运输成本，PC 生产线的运距辐射范围，一般控制在（　　）km 以内。

　　A. 100　　　　　B. 200　　　　　C. 300　　　　　D. 400

4. 编号为 NQ-2128 的内墙板，其含义为（　　）。

　　A. 预制内墙板类型为无洞口内墙，标志宽度 2100mm，层高 2800mm

　　B. 预制内墙板类型为无洞口内墙，层高 2100mm，标志宽度 2800mm

　　C. 预制内墙板类型为固定门垛内墙，标志宽度 2100mm，层高 2800mm

　　D. 预制内墙板类型为中间门洞内墙，标志宽度 2100mm，层高 2800mm

5. 编号为 NQM1-3028-0921 的内墙板，其含义为（　　）。

A. 预制内墙板类型为固定门垛内墙，层高 3000mm，标志宽度 2800mm，门宽 900mm，门高 2100mm

B. 预制内墙板类型为固定门垛内墙，标志宽度 3000mm，层高 2800mm，门宽 900mm，门高 2100mm

C. 预制内墙板类型为固定门垛内墙，标志宽度 3000mm，层高 2800mm，门高 900mm，门宽 2100mm

D. 预制内墙板类型为中间门洞内墙，标志宽度 3000mm，层高 2800mm，门宽 900mm，门高 2100mm

二、多项选择题

1. 预制混凝土剪力外墙编号识读具体为：

WQ　—　××　—　××
（　）—（　）—（　）

A. 无洞口外墙　　　　　　B. 一个窗洞外墙
C. 标志宽度　　　　　　　D. 层高

2. 混凝土预制构件的种类很多，按照构件的功能划分为以下（　　）类构件。

A. 结构构件　　　　　　　B. 围护构件
C. 混凝土预制叠合夹心保温板　D. 其他构件

3. 下列属于建筑结构体系的结构构件是（　　）。

A. 混凝土预制柱　　　　　B. 混凝土预制梁
C. 混凝土预制剪力墙　　　D. 混凝土预制楼梯

三、判断题

1. 结构构件是指在装配式建筑中主要用于受力的构件。（　　）
2. 混凝土预制构件中的结构构件通常在现场进行加工制作。（　　）
3. 混凝土预制构件的种类很多，按照构件的功能不同可以分为用于建筑结构体系的结构构件、用于建筑围护体系的围护构件以及其他构件。（　　）
4. 混凝土预制外墙挂板是在外墙起围护作用的承重预制混凝土墙板。（　　）
5. WQCI—××—×× 表示无洞口外墙。（　　）

四、简答题

1. 简述 PC 构件的优缺点。
2. 简述结构构件的作用、生产制作及种类。
3. 围护结构一般包括哪些？

教学单元 2　构件的生产工艺、标识及流程

任务 1　装配式混凝土建筑构件生产工具与设备

　　PC 构件的生产厂区，通常设置几个功能区，以满足构件生过程中的需求。常见的功能区包括混凝土搅拌站、钢筋加工车间、构件制作车间、构件堆放场地、材料仓库（材料、成品等辅助储存）、实验室、模具维修车间、锅炉房、变配电室等。

　　自动化 PC 构件生产线是指采用先进的机械设备和自动控制技术，将混凝土搅拌、模具成型、养护、拆模、码垛等生产环节有机连接起来，实现 PC 构件高效、精准、批量生产的自动化生产系统。具有高效性、高精度、高自动化程度、灵活性等优点。涉及的主要设备有混凝土搅拌站、模具及模具振动台、布料机、养护窑、拆模机械手、码垛机等。随着建筑工业化的不断推进和技术的不断进步，自动化 PC 构件生产线将朝着更加智能化、环保化和定制化的方向发展。智能化生产线的引入将进一步提高生产效率和产品质量；环保化生产线的推广将减少资源消耗和环境污染；定制化生产线的开发将满足市场对个性化、多样化 PC 构件的需求。因此，自动化的 PC 构件生产线以其高效、精准、高质量的生产特点，在建筑工业化进程中发挥着重要作用，并将继续推动建筑行业的快速发展（图 2-23）。

图 2-23　PC 构件预制叠合楼板生产线

一、生产工具

　　1. 扳手：主要用于构件生产中模具的固定、内埋件的固定安装等，如图 2-24 所示。

2. 钢卷尺：主要用于选取材料尺寸的校准等，如图 2-25 所示。

图 2-24　扳手

图 2-25　钢卷尺

3. 滚筒刷：主要用于涂刷缓凝剂与涂膜剂，如图 2-26 所示。
4. 塞尺：主要用于测量模具摆放是否符合标准，如图 2-27 所示。

图 2-26　滚筒刷

图 2-27　塞尺

5. 墨斗：主要用于绘制标准线，如图 2-28 所示。
6. 橡胶锤：主要用于安放磁盒调整模具位置，如图 2-29 所示。

图 2-28　墨斗

图 2-29　橡胶锤

7. 磁盒：是固定预制混凝土模板的磁性固定装置，相对于传统的螺栓螺帽等机械固定方式，磁盒固定具有结构轻巧、操作方便、吸持力强、安全可靠等特点，有利于提高劳动效率。磁盒上面有一个控磁开关，把磁盒置于平台上，按下开关，磁盒牢牢吸住平台，处于工作状态；使用杠杆撬起开关，磁盒与平台吸力大大减少，磁盒处于关闭状态，可以移动磁盒。如图 2-30 所示。

8. 防尘帽：主要用于防尘防外漏、防止泥砂和雨水进入放孔内、防止需要保护的孔出现堵塞或锈蚀等问题，如图 2-31 所示。

图 2-30 磁盒

图 2-31 防尘帽

二、生产设备

1. 划线机

主要功能是高效、精确地在构件上绘制出所需的线条、边模及预埋件位置等，以提高构件的制造精度和制作效率，主要用于自动生产。如图 2-32 所示。

2. 混凝土布料机

主要功能是将混凝土材料均匀、准确地输送到预制构件的模具中，如图 2-33 所示。

图 2-32 划线机

图 2-33 混凝土布料机

3. 振动台

振动台是一个中转平台，其主要作用是将布料后的混凝土振捣密实。振动台由固定台座、振动台面、减振提升装置、锁紧机构、液压系统和电气控制系统组成，如图 2-34 所示。

图 2-34　振动台

4. 养护窑

为了保证混凝土构件的强度能够达到要求，需要将这些构件存放在养护窑中，经过静置、升温、恒温、降温等程序，确保其在凝固过程中的质量过关。养护窑由窑体、蒸汽系统（或散热片系统）、温度控制系统等组成。

5. 混凝土输送机（直泄式送料机）

混凝土输送机（直泄式送料机）是通过特定的轨道，将搅拌站出来的混凝土运送到混凝土布料机中。混凝土输送机由双梁行走架、运输料斗、行走机构、料斗翻转装置和电气控制系统组成。

6. 模台存取机

模台存取机由行走系统、大架、提升系统、吊板输送架、取/送模机构、纵向定位机构、横向定位机构、电气系统等组成，其主要作用是运输水泥构件及模具。构件完成布料后，模台存取机将振捣密实的水泥构件及模具送至养护窑指定位置；构件完成养护后，模台存取机将养护好的水泥构件及模具从养护窑中取出，送回生产线上，输送到指定的脱模位置。

7. 模台预养护及温控系统

模台预养护及温控系统由养护通道、运输线、养护温控系统、电气控制系统（中央控制器、控制柜）、温度传感器等部分组成。其中，养护通道的空间系统由钢结构支架、养护棚（钢-岩棉-钢材料）组成，放置于输送线上方。带制品的模板通过时，通道内的预养护工位自动控制启动停止。中央控制器采用工业级计算机，具有较完善的功能，可自动完成构件需要的工艺温度的参数设置，确保构件在养护过程中的质量要求。

8. 侧力脱模机

侧力脱模机由翻转装置、托板保护机构、电气系统、液压系统等构件组成。其中，翻转装置由两个相同结构翻转臂组成，又可分为固定台座、翻转臂、托座、模板锁死装置。脱模时，将模板固定于托板保护机构上，通过电气系统和液压系统，可将水平板翻转 85°～90°，以便于制品竖直起吊。

9. 运板平车

运板平车由稳定的型钢结构和钢板组成的车体、走行机构、电瓶、电气控制系统等构件组成，其主要作用是将成品 PC 板由车间运送至堆放场。

10. 刮平机

刮平机由钢支架、大车、小车、整平机构及电气系统等组成，其主要作用是将布料机浇筑的混凝土振捣密实并刮平，使得混凝土构件表面平整。

11. 抹面机

抹面机由门架式钢结构机架、走行机构、抹光装置、提升机构、电气控制系统组成，如图 2-35 所示。抹面机操作的主要原理是抹平头可在水平方向两自由度内移动作业，其主要作用是用于内外墙板外表面的抹光，保证构件表面的光滑。

图 2-35 抹面机

12. 模具清扫机

模具清扫机由组清渣铲、组横向刷辊、支撑架、除尘器、清渣斗和电气系统组成，如图 2-36 所示。其主要作用是将脱模后的空模台上附着的混凝土清理干净，便于下个构件进行布料。

13. 拉毛机

拉毛机由钢支架、变频驱动的大车及走行机构、小车走行、升降机构、转位机构、可拆卸的毛刷、电气控制系统组成，如图 2-37 所示。其主要作用是对叠合板构件新浇注混凝土的上表面进行拉毛处理，增加构件之间的摩擦力，以保证叠合板和后浇筑的底板混凝土较好地结合起来。

图 2-36 模具清扫机　　　　　　图 2-37 拉毛机

任务 2　装配式混凝土建筑构件生产工艺

一、PC 构件生产流程

PC 构件制作需要依据设计图样、有关标准、工程安装计划、混凝土配合比设计和操作规程按照模具准备、钢筋骨架制作与安装、混凝土拌合物浇筑与振捣、养护、脱模以及后期处理等环节来完成。PC 构件的制作根据不同的构件类别也略有不同，图 2-38 是 PC 构件生产流程。

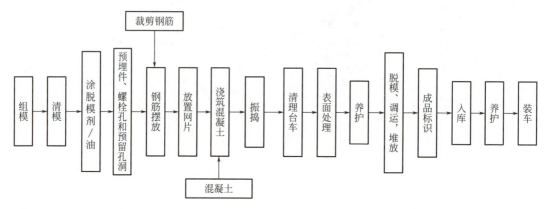

图 2-38　PC 构件生产流程图

二、PC 构件生产工艺

根据生产过程中组织构件成型和养护的不同特点，预制构件生产工艺分为平模机组流水工艺、平模传送流水工艺、固定平模工艺、立模工艺、长线台座工艺等。

1. 平模机组流水工艺

根据生产工艺的要求将整个车间划分为若干工段，每个工段配备相应的工人和机具设备，构件的成型、养护、脱模等生产过程分别在有关的工段循序完成。这种工艺的特点是主要机械设备相对固定，模板借助吊车的吊运，在移动过程中完成构件的成型。

平模生产线主要用于生产桁架钢筋混凝土叠合板、预制混凝土剪力墙板等，如图 2-39 和图 2-40 所示。平模生产最大的优越性在于夹心保温层的施工和水电预埋可以在布设钢筋时一并进行。

2. 平模传送流水工艺

模板自身装有行走轮或借助辊道传送，不需吊车即可移动，在沿生产线行走过程中完成各道工序，然后将已成型的构件连同钢模送进养护窑。

3. 固定平模工艺

模板固定不动，构件的成型、养护、脱模等生产过程都在同一个位置上完成。

图 2-39 平模生产线　　　　　　　　图 2-40 平模生产叠合板

4. 立模工艺

模板垂直使用，并具有多种功能；模板是箱体，腔内可通入蒸汽，侧模装有振动设备，从模板上方分层灌筑混凝土后，即可分层振动成型。

立模生产线采用成组立模工艺，如图 2-41 所示。与平模工艺比较，立模工艺可节约生产用地、提高生产效率，而且构件的两个表面同样平整，通常用于生产外形比较简单而又要求两面平整的构件，如内墙板、楼梯段等，如图 2-42 所示。

图 2-41 立模生产线　　　　　　　　图 2-42 预制楼梯成组立模

5. 长线台座工艺

长线台座工艺适用于露天生产厚度较小的构件和先张法预应力钢筋混凝土构件，如空心楼板、槽形板、T 形板、双 T 板、工形板、小桩、小柱等。

课后练习

一、单项选择题

1. 构件在立体蒸养房进行蒸汽养护，强度达到（　　）MPa 以上时，即可从蒸养房取出模台。
   A. 20　　　　B. 30　　　　C. 40　　　　D. 50

2. 现代化的 PC 构件生产厂一般要设置几个功能区，下列不属于生产厂功能区的是（　　）。

A. 混凝土搅拌站　　　　　　　　B. 钢筋加工车间
C. 构件堆放场地　　　　　　　　D. 办公室

3. 蒸汽养护分为四个阶段，按照由先及后的顺序是（　　）。
A. 静停—升温—恒温—降温　　　B. 静停—降温—恒温—升温
C. 静停—升温—降温—恒温　　　D. 静停—降温—升温—恒温

4. 长线台座工艺适用于生产下列哪些构件（　　）。
A. 空心楼板、槽形板、T 形板、桁架钢筋混凝土叠合板
B. 双 T 板、工形板、小桩、桁架钢筋混凝土叠合板
C. 工形板、小桩、小柱、预制混凝土剪力墙板
D. 空心楼板、槽形板、T 形板、双 T 板

5. 以下（　　）属于 PC 构件生产需要的生产设备。
A. 划线机、混凝土布料机、振动台
B. 划线机、混凝土布料机、防尘帽
C. 橡胶锤、防尘帽、磁盒
D. 混凝土输送机、混凝土布料机、磁盒

二、多项选择题

1. PC 构件的生产一般在工厂完成，为了满足生产的需要，现代化的 PC 构件生产厂一般要设置几个功能区，以下属于功能区的是（　　）。
A. 混凝土搅拌站　　　　　　　　B. 钢筋加工车间
C. 构件制作车间　　　　　　　　D. 构件堆放场地

2. 进行模具固定操作时，使用（　　）等进行模具固定。
A. 橡胶锤　　　B. 磁盒　　　C. 扳手　　　D. 棉丝

3. 以下选项中属于预制构件生产工艺的是（　　）。
A. 平模机组流水工艺　　　　　　B. 平模传送流水工艺
C. 固定平模工艺　　　　　　　　D. 立模工艺

三、判断题

1. 自动化的 PC 构件生产线采用高精度、高结构强度的成型模具。（　　）

2. 振动台由振动台面、减振提升装置、锁紧机构、液压系统和电气控制系统组成。（　　）

3. 模板固定于托板保护机构上，可将水平板翻转 65°～90°，便于制品竖直起吊。（　　）

4. 平模生产线主要用于生产桁架钢筋混凝土叠合板、预制混凝土剪力墙板和内墙板等。（　　）

5. 长线台座工艺：适用于露天生产厚度较小的构件和先张法预应力钢筋混凝土构件，如空心楼板、槽形板、T 形板、双 T 板、工形板、小桩、小柱等。（　　）

四、简答题

1. 简述 PC 构件生产厂的功能区域设置。
2. 简述 PC 构件的生产工具及其作用。
3. 简述 PC 构件生产流程。

教学单元 3　较为典型的 PC 构件生产流程

任务 1　混凝土预制叠合板构件生产流程

一、准备工作

1. 板模板的支设

1. 模台清理、划线

采用模具清扫机或者人工，将上一生产循环用于构件制作的模台上残留的杂物清理干净，务必保证模台表面无混凝土或砂浆残留。

2. 组装边模

按照构件生产工艺的要求组装边模。组装后的模具如图 2-43 所示。

图 2-43　组装后的模具

3. 涂脱模剂

边模组装并核对无误后，在模台表面和边模上涂抹脱模剂。

二、钢筋加工绑扎

1. 钢筋要求

（1）钢筋网片、钢筋骨架和预埋件应严格按照构件加工图及下料单要求制作，其安装位置应根据构件设计图纸要求确定，并采用专用钢筋定位件。

（2）为提高生产效率，钢筋宜采用机械加工的成型钢筋。

（3）叠合板类构件中使用的钢筋桁架，由于其加工工艺复杂，质量控制较难，应使用专业化生产的成型钢筋桁架。

2. 制作要求

（1）钢筋绑扎前，前期样本必须通过技术、质检及相关部门的检查验收。制作过程中应当定期、定量进行检查，对不符合设计要求及超过允许偏差的钢筋一律不得使用，并按废料处理。

（2）纵向钢筋及需要套丝的钢筋，必须保证钢筋两端平整，套丝长度、丝距及角度必须严格遵照图纸设计要求，不得使用切断机下料。

（3）与半灌浆套筒连接的纵向钢筋应按产品要求套丝，梁底部纵筋应按照国家标准套丝。

3. 安装要求

（1）钢筋骨架入模时，应平直、无损伤，表面不得有油污或者锈蚀且尺寸准确，并应按构件图纸安装好钢筋连接套管、连接件、预埋件。骨架吊装时应采用多吊点的专用吊架，防止骨架产生变形。钢筋加工绑扎如图 2-44 所示。

图 2-44　钢筋加工绑扎

（2）保护层垫块宜采用塑料类垫块，且应与钢筋骨架或网片绑扎牢固，垫块按梅花状布置，其间距应满足钢筋限位及控制变形的要求。

（3）预制构件表面的预埋件、螺栓孔和预留孔洞应按构件模板图进行配置，应满足预制构件吊装、制作工况下的安全性、耐久性和稳定性。

三、预埋件

预埋件安装要求

（1）预埋件固定之前，应对预埋件位置、材料的型号和级别、材料用量和规格尺寸、预埋件表面的平整度、锚固长度和预埋件焊接质量等进行检查，确认无误后再进行固定。

（2）在混凝土浇筑、振捣过程中，预埋件的位置不得发生移位。预埋电线盒、电线管或其他管线时，必须与模板或钢筋固定牢固，并将孔隙堵塞严密，避免混凝土进入。

（3）预埋螺栓、吊具等应采用工具式卡具固定，并应保护好丝扣。预埋件的安放如图 2-45 所示。

图 2-45　安放预埋件

四、隐蔽工程验收

浇筑混凝土前，应进行钢筋、预应力钢筋的隐蔽工程检查。隐蔽工程检查项目应包括：

（1）钢筋的牌号、规格、数量、位置和间距。

（2）纵向受力钢筋的连接方式、接头位置、接头质量、接头面积百分率、搭接长度、锚固方式及锚固长度。

（3）箍筋弯钩的弯折角度及平直段长度。

（4）钢筋的混凝土保护层厚度。

（5）预埋件、吊环、插筋、灌浆套筒、预留孔洞、金属波纹管的规格、数量、位置及固定措施。

（6）预埋线盒和管线的规格、数量、位置及固定措施。

（7）夹芯外墙板的保温层位置和厚度，拉结件的规格、数量和位置。

（8）预应力筋及其锚具、连接器和锚垫板的品种、规格、数量、位置。

（9）预留孔道的规格、数量、位置，灌浆孔、排气孔、锚固区局部加强构造。

五、混凝土浇筑

1. 浇筑前准备工作

(1) 按照生产计划混凝土用量制备混凝土,量少时可自行搅拌,量大时应采用商品混凝土。

(2) 混凝土浇筑前,预埋件及预留钢筋的外露部分宜采取防止污染的措施。

2. 浇筑要求

(1) 混凝土浇筑过程中,应注意对钢筋网片及预埋件的保护,保证模具、门窗框、预埋件、连接件不发生变形或移位,如有偏差应采取措施及时纠正。

(2) 混凝土应均匀连续浇筑。混凝土从出机到浇筑完毕的时间,气温高于25℃时不宜超过60min,气温不高于25℃时不宜超过90min,如图2-46所示。

图2-46 混凝土浇筑

(3) 混凝土投料高度不宜大于600mm,并应均匀摊铺。

(4) 浇筑混凝土时应按设计要求,在混凝土构件表面制作粗糙面和键槽,并按照构件检验要求制作混凝土试块。

(5) 带保温材料的预制构件宜采用水平浇筑方式成型,保温材料宜在混凝土成型过程中放置固定,底层混凝土初凝前进行保温材料铺设,保温材料应与底层混凝土固定。

(6) 当需要进行多层铺设时,上、下层保温材料接缝应相互错开;当采用垂直浇筑成型工艺时,保温材料可在混凝土浇筑前放置固定。

(7) 连接件穿过保温材料处应填补密实,预制构件制作过程应按设计要求检查连接件在混凝土中的定位偏差。

六、混凝土振捣

混凝土宜采用机械振捣方式成型,振捣过程中应注意以下问题:

1. 振捣设备应根据混凝土的品种、工作性、预制构件的规格和形状等确定,应制定振捣成型操作规程。
2. 当采用振捣棒时,混凝土振捣过程中不应碰触钢筋骨架、面砖和预埋件。混凝土振捣过程中应随时检查模具有无漏浆、变形或预埋件有无移位等现象;如有偏差应采取措施及时纠正。
3. 应充分有效振捣,避免漏振造成的蜂窝、麻面现象。
4. 混凝土振捣后应至少进行一次抹压,构件浇筑完成后进行一次收光;收光过程中应当检查外露的钢筋及预埋件,并按照要求进行调整。

七、养护

在条件允许的情况下,预制构件优先推荐自然养护。养护过程中应注意以下问题:

1. 梁、柱等体积较大预制构件宜采用自然养护方式;楼板、墙板等较薄预制构件或冬期生产预制构件,宜采用加热养护方式。
2. 采用加热养护时,按照合理的养护制度进行温度控制可避免预制构件出现温差裂缝。
3. 预制构件养护应符合下列规定:

(1) 应根据预制构件特点和生产任务量选择自然养护、自然养护加养护剂或加热养护方式。

(2) 混凝土浇筑完毕或压面工序完成后应及时覆盖保湿,脱模前不得揭开。

(3) 涂刷养护剂应在混凝土终凝后进行。

(4) 加热养护可选择蒸汽加热、电加热或模具加热等方式。

(5) 加热养护制度应通过试验确定,宜采用加热养护温度自动控制装置,宜在常温下预养护2~6h,升、降温速度不宜超过20℃/h,最高养护温度不宜超过70℃。

(6) 夹心保温外墙板最高养护温度不宜大于60℃,因为有机保温材料在较高温度下会产生热变形,从而影响产品质量。

八、脱模、起吊

1. 脱模

混凝土脱模过程中,容易引起蒸汽温度骤降导致的构件变形及裂缝,所以预制构件脱模时的表面温度与环境温度的差值不宜超过25℃。

2. 起吊

平模工艺生产的大型墙板、挂板类预制构件宜采用翻板机翻转直立后再行起吊。预制构件脱模起吊时,混凝土强度应按计算确定,且不宜小于15MPa。对于设有门洞、窗洞等较大洞口的墙板,脱膜起吊时应进行加固,防止扭曲变形造成开裂。

九、表面处理

构件脱模后,如果存在不影响结构性能、钢筋、预埋件或者连接件锚固的局部破损和构件表面的非受力裂缝,可用修补浆料进行表面修补后使用,其构件外装饰材料出现破损时应进行修补。表面带有装饰性石材或瓷砖的预制构件,脱模后应对石材或瓷砖表面进行检查和清理,去除石材或瓷砖缝隙部位的预留封条和胶带,并用清水刷洗。清理完成后宜对石材或瓷砖表面进行保护。

十、质检

预制构件在出厂前应进行成品质量进行检查验收,其检查项目包括预制构件的外观质量、预制构件的外形尺寸、预制构件的钢筋、连接套筒、预埋件、预留孔洞、预制构件的外装饰和门窗框等。其检查结果和方法应符合现行国家标准的规定。

十一、构件标识

预制构件验收合格后,应在明显部位标识构件型号、生产日期和质量验收合格标志,并在其表面醒目位置按构件设计制作图规定对每个构件进行编码。预制构件生产企业应按照有关标准规定或合同要求,对其供应的产品签发产品质量证明书,明确重要参数,有特殊要求的产品还应提供安装说明书。

任务2 预制外墙构件生产流程

一、PC 外墙板预制技术

1. 产品概况

PC 外墙板板厚有 160mm、180mm 等,由于外饰面砖及窗框在预制过程中已经完成,所以在现场吊装后,只需安装对应的窗扇及玻璃即可(图 2-47)。这样给现场施工提供了很大方便,但同时也给构件生产提出了很高的要求,是对生产工艺和生产技术的一次新挑战。

2.
墙模板的支设

2. PC 外墙板预制技术重点

在 PC 外墙板的预制过程中,质量控制与技术关键聚焦于多个核心环节,这些环节相互交织,共同确保了最终产品的质量。技术重点如下:

(1)面砖铺贴质量:鉴于 PC 外墙板的面砖与混凝土实现了一次成型,确保面砖铺贴的精准与牢固成为产品质量的首要控制点。高质量的铺贴不仅关乎外观美观,更直接影响到墙板的耐久性和使用效果。

(2) 窗框预埋与保护：窗框作为 PC 外墙板的重要组成部分，其预埋在构件中的定位准确性和保护措施的有效性，直接关系到产品的安装精度和长期稳定性。因此，采取精确的定位技术和可靠的保护措施是生产过程中的另一大重点。

(3) 混凝土振捣工艺：鉴于面砖、窗框、预埋件及钢筋等已在混凝土浇捣前布置完成，这对混凝土的振捣工艺提出了极高的要求。必须确保振捣均匀、充分，以排出气泡，保证混凝土的密实度和强度，同时避免对这些已布置好的部件造成损害。

(4) 堆放与运输保护：考虑到 PC 外墙板厚度相对较小，侧向刚度有限，其在堆放和运输过程中极易受到损伤。因此，制定严格的堆放和运输规范，采取有效的保护措施，是确保产品在出厂至安装过程中保持完好的关键步骤。

图 2-47　PC 外墙板

(5) 钢模设计：钢模作为 PC 外墙板成型的模具，其设计的合理性和精度直接决定了产品的几何尺寸和尺寸稳定性。为了确保墙板能够满足设计要求和使用需求，钢模设计必须严谨、精确，并充分考虑到各种生产条件和工艺要求。这一环节是生产技术中的重中之重，对于提升产品质量和生产效率具有决定性作用。

3. PC 外墙板生产工艺

PC 外墙板生产工艺流程如图 2-48 所示。

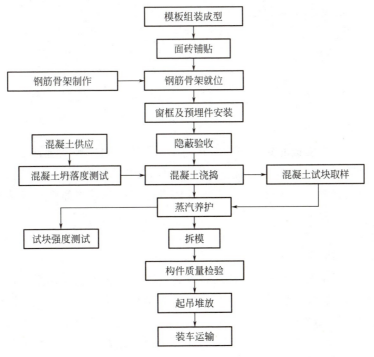

图 2-48　PC 外墙板生产工艺流程

二、模具设计与组装技术

1. 模具设计

鉴于 PC 外墙板因建筑设计的多样性和安装位置的差异性,其尺寸与形状变化多端,且对成品的外观品质及尺寸精确度提出了严苛要求,尤其是长度、宽度及弯曲度的误差均需控制在 3mm 以内,这无疑加大了模具设计与制造的挑战性。经过深入细致的考察与分析,并紧密结合 PC 外墙板的具体特点,我们提出了一种创新的模板配置方案,旨在确保结构刚性与强度的同时,优化成型效果。

该方案的核心在于采用平躺式模板结构,该结构巧妙地由底模、外侧模及内侧模三部分组成(图 2-49)。此设计的一大亮点在于,它能确保外墙板的正面与侧面在整个成型过程中均与模板紧密贴合,从而有效促进了墙板外露面的平整度与光滑度,对于提升墙板的整体外观质量具有显著作用。

图 2-49 预制板生产

此外,为了方便外墙板的翻转作业,我们设计了便捷的吊环系统,仅需将外墙板通过吊环旋转 90°,即可轻松完成翻身,这一设计不仅简化了操作流程,还提高了生产效率。综上所述,该模板配置方案不仅解决了 PC 外墙板制造中的技术难题,还为其高品质、高效率的生产提供了有力保障。

2. 模具组装

(1) 底模安装与固定

首先,在生产模位区域,根据 PC 外墙板的具体生产需求及操作空间,科学规划并布置钢模的排列位置。底模安装就位后,首要任务是进行水平测试,这是预防外墙板因底模不平整而出现翘曲现象的关键步骤。一旦发现不平,须立即调整至水平状态。

其次,采用膨胀螺栓将底模四周牢牢固定于混凝土地坪上,此举旨在防止底模在生产过程中因受外力作用而发生移位或走动,从而确保外墙板制作的稳定性和精确性。

(2) 模板组装与精度控制

模板组装前，必须对模板进行全面清理，确保表面无残留水泥浆、混凝土薄片等杂质，同时检查模板隔离剂的涂布情况，避免出现漏涂或流淌不均现象，以防影响混凝土的粘结性能及最终外观质量。模板的安装与固定需遵循平直、紧密、不倾斜的原则，尺寸控制必须准确无误。特别地，端模的固定尤为关键，其正确性直接关系到墙板的长度尺寸是否符合设计要求。因此，端模固定常采用螺栓定位销的方法，以提高定位的准确性和稳固性。此外，为持续保证模板的精度，还需定期对底模的平整度进行测量，一旦发现偏差，立即进行调整，确保模板系统的整体精度满足生产要求。

3. 预制构件生产技术操作要求

(1) 面砖制作与铺贴

① 面砖制作。

如果等外墙板制作好之后再将瓷砖现场粘贴，必然会出现瓷砖对缝不齐的现象，严重影响建筑的整体美观效果。所以 PC 外墙板的制作，瓷砖在工厂预制阶段与混凝土一次成型，采用成片的面砖和成条的角砖，在专用的面砖模具中放入面砖并嵌入分格条，压平后粘贴保护贴纸并用专用工具压粘牢固而制成的（图 2-50）。

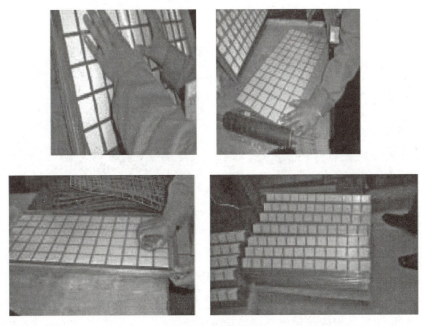

图 2-50　面砖制作

本次 PC 外墙板使用 45mm × 45mm 小块瓷砖，面砖模具每片大小为 300mm × 600mm，角砖每条长度为 600mm。平面砖每片的连接采用内镶泡沫塑料网格嵌条，外贴塑料薄膜粘纸的方式将小块瓷砖连成片。角砖以同样的方式连成条。

② 面砖铺贴。

砖粘贴前必须先将模具清理干净，不得留有混凝土碎片和水泥浆等杂质；为了保证面砖间缝的平直，需先在底模面板上按照每张面砖的大小进行划线，然后进行试贴。具体操作为：将面砖铺满底模，在检查面砖间缝横平竖直后再正式粘贴；正式粘贴时，先将专用双面胶布从底部开始向上粘贴，然后再将面砖粘贴在底模上。铺贴过程中，为不影响建筑的美观效果，应保证空隙均匀，线条平直，对缝整齐（图 2-51）。铺贴完成后应检查面砖粘贴是否牢固，防止浇捣混凝土时发生移动。

图 2-51　面砖铺贴

（2）窗框及预埋件安装

窗框及预埋件安装如图 2-52 所示。

图 2-52　窗框及预埋件安装

① 窗框制作。

PC 外墙板的窗框在生产完工后，应采取贴保护膜等保护措施，对窗框的上下、左右、内外方向做好标志，还要同时提供金属拉片等辅助部件。由于窗框直接预埋在构件中，与现场安装的门窗有很多不同之处，比如要考虑铝窗框与混凝土的锚固性等，因此其窗框尺寸需要窗框加工的单位来确定，并着重考虑墙板的生产可行性。

② 窗框安装。

窗框在安装时，应先注意窗框的上下、左右、内外方向正确，再根据图纸尺寸要求将窗框固定在模板上，窗框和混凝土的连接主要依靠专用金属拉片来固定，其设置间距为 40cm 以内，窗框与模板接触面采用双面胶密封保护。在固定窗框时，应在窗框内侧放置与窗框等厚木块并通过螺栓将木块与模板固定在一起，这样可以保证铝窗框在混凝土成型振动过程中不发生变形。在整个预制过程中做好对铝窗的保护工作，窗框应用塑料布做好遮盖，防止污染，在生产、吊装完成之前，禁止撕掉窗框的保护贴纸。

③ 预埋件安装。

现场施工过程中，对预埋件的位置和质量由较高要求。预埋螺孔应采用专门的吸铁钻在模板上进行精确打孔，以严格控制预埋件的位置及尺寸。预埋螺孔定位好以后，要用配套螺栓将其拧好，防止在生产过程中进入垃圾，发生堵塞，待构件出厂时再将这些螺栓拆下。

此外，为了保证面砖不被损坏，在钢筋入模时先使钢筋骨架悬空，即预先在面砖上垫放木块，钢筋骨架先放在木块上，再移去木块缓慢放下钢筋骨架。这样处理可以防止钢筋入模时压碎瓷砖，或使瓷砖发生偏移。

（3）钢筋骨架

① 钢筋成型：

a. 半成品钢筋切断、对焊、成型均在钢筋车间进行。钢筋车间按配筋单要求完成加工，应严格控制尺寸，个别超差不应大于允许偏差的 1.5 倍。

b. 钢筋弯曲成型应严格控制弯曲直径。HRB400 级钢筋弯 135°时，$D \geqslant 4d$；钢筋弯折小于 90°时，$D \geqslant 5d$（其中 D 为弯芯直径，d 为钢筋直径）。

c. 钢筋对焊应严格按《钢筋焊接及验收规程》JGJ 18—2012 操作，对焊前应做好班前试验，并以同规格钢筋一周内累计接头 300 只为一批进行三拉三弯实物抽样检验。

d. 半成品钢筋运到生产场地，应分规格挂牌、分别堆放。

② 钢筋骨架成型。由于 PC 外墙板属于板类构件，钢筋的主筋保护层厚度相对较小，因此钢筋骨架的尺寸必须准确。钢筋骨架成型采用分段拼装的方法，即操作人员预先在模外绑扎小梁骨架，然后在模内整体拼装连接。钢筋保护层采用专用塑料支架，以确保保护层厚度的准确性（图 2-53）。

图 2-53　钢筋骨架成型

（4）混凝土浇捣

① 在浇捣混凝土之前，为确保施工顺利进行及最终产品质量，必须执行一系列严格

的检查工作。这些检查工作涵盖了模板与支架的稳定性、钢筋绑扎的完整性以及预埋件位置的准确性。具体而言，首先应对模板和支架进行细致检查，确认其稳固无虞，能够承载即将浇捣的混凝土重量。随后，对已绑好的钢筋进行逐一审视，特别关注钢筋表面是否清洁无油污，因为油污可能影响混凝土与钢筋之间的粘结力。同时，预埋件的位置也是检查的重点，必须确保它们被精准地放置在预设位置，以符合设计要求。只有当所有这些检查项目均逐一通过，确认合格无误后，方可正式进行混凝土的浇捣作业。这样的流程安排，旨在从源头上把控施工质量，确保PC外墙板等预制构件的成品质量达到标准要求。

② 采用插入式振动器振捣混凝土时，应采用平放的方法，将面砖在生产过程中的损坏降到最低程度。当混凝土停止下沉、无显著气泡上升、表面平坦一致、呈现薄层水泥浆时，可停止振捣。不宜采用以往振动棒竖直插入振捣的方式，这种方式容易损坏面砖。

③ 在浇筑混凝土的过程中，需保持高度的警觉性，持续观察模板、支架、钢筋骨架、面砖、窗框及预埋件等关键部位的情况。一旦发现任何异常，如模板变形、支架松动、钢筋移位、面砖或窗框脱落、预埋件位置偏移等，应立即果断地停止浇筑作业，并迅速采取有效措施解决问题。待所有异常情况得到妥善处理，并确认无误后，方可继续恢复混凝土的浇筑。

④ 此外，为了保证混凝土的连续性和整体性，浇筑作业应尽可能不间断地进行。然而，在实际施工过程中，由于天气、设备故障或其他不可预见因素，有时不得不进行间歇。此时，应严格控制间歇时间，遵循以下原则：当环境温度高于25℃时，允许的最大间歇时间为1h；而当环境温度低于25℃时，这一时间可适当延长至1.5h。这样的时间限制旨在减少因间歇过长而导致的混凝土质量下降，确保最终产品的强度和耐久性满足设计要求。

⑤ 为了确保外墙板的质量，混凝土浇捣完毕后，要进行抹面处理。因墙板面积较大，传统的先人工用木板抹面再用抹刀抹平的方法，难以保证表面平整度和尺寸精度。推荐的方法是，采用铝合金直尺抹面，从而将尺寸误差精确地控制在3mm以内（图2-54）。

图2-54 外墙板抹面

⑥ 混凝土初凝时，应对构件与现浇混凝土连接部位进行拉毛处理，拉毛深度6mm左

右,条纹顺直,间距均匀整齐。

(5) 蒸汽养护

PC外墙板,作为一种典型的薄壁结构,其特性决定了其易产生裂缝的敏感性,因此,在养护过程中需采取特别措施以减少裂缝风险。为此,推荐采用低温蒸汽养护方法,该方法通过往专门定制的可移动式蒸养罩内通入蒸汽来实现(图2-55)。

图2-55 蒸汽养护

具体而言,这种养护方式被巧妙地设计在原生产模位上进行,无需移动已成型的外墙板,从而确保了充足的生产操作空间,提高了生产效率。同时,蒸养罩的可移动性也便于根据生产进度灵活调整,进一步增强了养护作业的灵活性。

更重要的是,低温蒸汽养护能够有效控制温度,避免高温引起的过快干燥和收缩,从而显著提高了预制构件的养护质量。这种养护方式不仅促进了混凝土的均匀硬化,还减少了内部应力的产生,有助于防止裂缝的形成。

最终,经过低温蒸汽养护的PC外墙板,在脱模起吊与出厂运输时,其强度能够充分满足设计要求,确保了产品的安全性和耐久性。综上所述,低温蒸汽养护是PC外墙板生产中不可或缺的关键环节,对于提升产品质量具有重要意义。

① 蒸汽由厂内中心锅炉房通过专用管道供应至生产区,通过分汽缸将汽送至各生产模位,经各模位的蒸汽管均匀喷汽进行蒸养。

② 蒸汽养护分为静停、升温、恒温和降温4个阶段。静停一般可从混凝土全部浇捣完毕开始计算,升温速度不得大于15℃/h,恒温时段温度控制为(55±2)℃,降温速度不宜大于10℃/h。蒸汽养护顺序为:静停(2h)→升温(2h)→恒温(7h)→降温(3h)→结束。当蒸汽养护环境温度小于15℃时,需适当延长升温和降温时间。

③ 当墙板的温度与周围环境温度差不大于20℃时,才可以拉开蒸养罩。

任务3　含保温层的预制外墙板生产流程

预制外墙板生产工艺流程为：模台清理→划线→喷涂脱模剂→组模、组钢筋笼→混凝土一次浇筑及振捣→挤塑板安装→连接件安装→混凝土二次浇筑及振捣→赶平、收面→预养护→抹面、收光→蒸汽养护→拆模→翻板吊装→冲洗入库。

一、模台清理

模台清理如图 2-56 所示，其工艺要求及注意事项如下：

人工清理模台和模具上的混凝土残渣等铲除干净，统一收集处理。

如为自动生产，则先手动将凝固在模台上的大块混凝土进行松动、清理，再由模台清理机旋转滚刷对模台表面进行精细清理，清理下来的混凝土残渣通过清理机底部的废料箱收集。这里要注意模台及模具要确保清理干净，以保证构件生产质量。

图 2-56　模台清理

二、划线

划线如图 2-57 所示，其工艺要求及注意事项如下：

1. 工艺要求

（1）精度要求：划线必须精确，符合设计图纸和工艺要求，误差应控制在规定范围内，一般不超过 0.5mm。线条应清晰、均匀，无模糊、断续现象，确保后续加工和安装的准确性。

图 2-57　划线

（2）基准选择：划线基准的选择应合理，尽量与设计基准一致，减少换算过程，提高划线效率。基准线应稳固可靠，不易受外界因素影响而发生变化。

（3）方向性：在立体划线中，长、宽、高三个方向的线条应互相垂直，确保预制构件的几何形状和相对位置准确。

（4）材料与工具：选用适合划线工艺的涂料和工具，确保划线质量。涂料应具有良好的附着力和耐磨性，工具应锋利、稳定。

（5）标记与记录：在划线完成后，应及时打样冲眼或其他标记，作为后续加工和安装的参考。记录好划线的相关数据和参数，以备查验和追溯。

2. 注意事项

（1）准备工作：在划线前，应清理预制构件表面，确保无油污、灰尘等杂质，以免影响划线质量。检查划线机及其附件是否完好，确保机器处于正常工作状态。

（2）操作规范：操作人员应熟悉划线机的使用方法和操作规程，确保安全、准确地完成划线任务。划线过程中应保持划线机的稳定，避免晃动或偏移导致划线不准确。

（3）环境要求：划线区域应保持干燥、清洁，避免潮湿、积水或灰尘对划线质量造成不良影响。光照条件应良好，确保操作人员能够清晰地看到划线位置和线条情况。

（4）质量控制：定期对划线工艺进行质量检查，确保划线质量符合标准要求。对发现的问题应及时进行整改和处理，避免影响后续加工和安装质量。

（5）安全与防护：操作人员应佩戴好个人防护装备，如防护眼镜、防尘口罩等，确保操作安全。遵守安全操作规程，禁止违章作业和冒险操作。

三、喷涂脱模剂

喷涂脱模剂如图 2-58 所示，其工艺要求及注意事项如下：

1. 工艺要求

（1）使用喷涂机对模台表面进行脱模剂的初步喷洒，确保脱模剂能够覆盖整个模台表面。

图 2-58 喷涂脱模剂

（2）利用刮平器对模台表面已喷洒的脱模剂进行细致的扫抹处理。这一步骤的目的是为了进一步增强脱模剂的均匀性，并控制其适当的厚度，确保脱模效果。

（3）若在喷涂过程中发现脱模剂分布不均匀或有遗漏区域，应及时进行人工二次涂刷。这一补充措施旨在确保模台表面每个角落都均匀覆盖有脱模剂，避免在后续工艺中出现脱模不良的问题。

（4）在无特殊工艺要求的情况下，建议采用水性脱模剂。水性脱模剂环保且易于清洗，能够满足大多数模台脱模的需求，同时也有利于提高生产环境的可持续性。

2. 注意事项

（1）前期准备

设备检查：确保喷涂机处于良好的工作状态，无泄漏、堵塞等异常情况。检查喷涂机的喷嘴是否干净、无堵塞，以确保脱模剂能够均匀、顺畅地喷出。

脱模剂选择：根据模台材质、生产工艺要求及环保标准等因素，选择合适的脱模剂。在无特殊要求的情况下，可采用水性脱模剂，因其环保且易于清洗。

环境准备：作业场所应保持良好的通风条件，以减少脱模剂挥发对操作人员健康的影响。同时，应确保作业区域整洁，避免灰尘、油污等杂质污染脱模剂。

（2）操作过程

均匀喷洒：使用喷涂机时，应控制喷涂速度和喷涂量，确保脱模剂能够均匀、适量地喷洒在模台表面。避免局部喷涂过多或过少，以免影响脱模效果。

控制厚度：通过调整喷涂机的压力和喷嘴的角度，可以控制脱模剂的喷洒厚度。一般来说，脱模剂的厚度应适中，既不过薄也不过厚。过薄的脱模剂可能无法有效隔离模具和成品，而过厚的脱模剂则可能增加成本并影响成品质量。

避免遗漏：在喷洒过程中，应注意检查模台表面是否存在遗漏区域。如有遗漏，应及时进行补喷，以确保整个模台表面都覆盖有脱模剂。

(3) 安全与环保

个人防护：操作人员应佩戴适当的个人防护装备，如防护眼镜、口罩、手套等，以减少脱模剂对皮肤和呼吸道的刺激。

防火防爆：脱模剂大多为易燃易爆物品，因此在操作过程中应严禁吸烟和使用明火等火源。同时，应确保作业区域配备有相应的消防设备，以应对突发情况。

环保处理：使用后的脱模剂及其废弃物应按照环保要求进行妥善处理。不得随意倾倒或排放到环境中，以免造成污染。

(4) 后续处理

刮平处理：在脱模剂喷洒完成后，可使用刮平器对模台表面进行扫抹处理，以进一步确保脱模剂的均匀性和厚度。

检查验收：在喷涂完脱模剂并经过刮平处理后，应对模台表面进行检查验收。确保脱模剂覆盖均匀、无遗漏、无滴流等现象，并符合生产工艺要求。

四、组模、组钢筋笼

组模、组钢筋笼如图 2-59 所示，其工艺要求和注意事项分别如下：

图 2-59　组模、组钢筋笼

1. 工艺要求

(1) 准备阶段：提前进行预埋件安装前的充分准备，确保所有材料和工具齐全，为后续步骤奠定基础。

(2) 套筒与软管安装：精确地将灌浆软管一端固定于套筒之上，另一端则借助磁性底座（或专用工装）稳妥地安装在底模上，保证安装的整齐划一与稳固性。

(3) 反打工艺实施：对于需采用反打工艺的情况，运用简易工装辅助，将预埋件（如斜支撑预埋螺母、现浇混凝土模板预埋螺母）准确无误地安装于模具内部，严格把控埋件位置精度。

(4) 正打工艺操作：在正打工艺中，运用磁性底座将预埋件与模台紧密固定，并妥善安装锚筋。随后，及时拆除辅助安装的简易工装，确保现场整洁有序。

（5）电气与防腐安装：依据图纸指示，细致安装电气埋件（包括线盒、线管）及窗口防腐木方，严格控制安装精度与强度，以满足设计要求。

2. 注意事项

（1）套筒安装质量控制：全面检查套筒的安装质量，重点关注数量、型号是否准确，以及垂直度是否符合标准。

（2）预埋件安装细节：严格检查预埋件的安装情况，涵盖数量、型号、尺寸及锚筋的完好性，确保无遗漏或错误。

（3）电器盒安装精准性：对电器盒的安装进行全面评估，特别注意数量、位置、方向及上沿高度的准确性，以保障后续电气系统正常运行。

（4）钢筋保护原则：在安装套筒和埋件的过程中，严禁弯曲或切断任何钢筋，以保护钢筋骨架的完整性与力学性能。

（5）固定可靠性：确保套筒与固定器、磁性底座及模台之间的连接牢固可靠，避免松动或脱落现象发生。

（6）底模清洁维护：整个施工过程中，持续保持底模的清洁度，避免混凝土残留或其他杂物对施工质量造成不利影响。

（7）钢筋骨架保护：尽量避免踩踏钢筋骨架，采取有效措施保持其位置正确无误，以确保混凝土结构的安全与稳定。

五、混凝土一次浇筑及振捣

混凝土一次浇筑及振捣如图 2-60 所示，其工艺要求及注意事项分别如下：

图 2-60　混凝土一次浇筑及振捣

1. 工艺要求

（1）搅拌站首先按照既定要求精确搅拌混凝土，确保配合比、坍落度及体积均符合施工标准。

（2）搅拌好的混凝土通过运输小车高效、平稳地运送到混凝土布料机处，准备进行投料作业。

（3）混凝土布料机在接收到混凝土后，启动扫描程序识别基准点，随后根据设定开始自动或手动模式进行精准布料。

（4）在布料完成后，迅速锁紧模台以确保浇筑过程的稳定性。随后启动振动平台对混凝土进行振捣，直至表面无明显气泡逸出，表明振捣充分。最后清理模具、模台及地面上的残留混凝土，保持作业区域整洁。

（5）当振动平台停止工作后，及时松开模台的锁紧机构，标志着浇筑与振捣阶段的顺利完成。

（6）浇筑结束后，立即对模具及内部埋件进行检查。若发现胀模、位移或封堵腔内渗入混凝土等异常情况，需立即采取措施进行处理，以确保后续施工质量和安全。

2. 注意事项

（1）在浇筑前，首要任务是对前面的施工工序进行全面检验，特别是埋件的固定强度以及模板的稳固性，确保它们能够承受即将进行的浇筑作业。

（2）进入浇筑过程时，应特别注意避开套筒和预埋件的位置，以防混凝土对这些关键部件造成不利影响。

（3）严格控制混凝土浇筑量，确保每一构件都能达到设计要求的厚度，这是保证构件质量的重要一环。

（4）振捣作业完成后，需立即对混凝土表面进行找平处理，以保证其平整度符合标准，为后续安装挤塑板等工序打下坚实基础。

（5）在浇筑过程中，若遇到特殊情况，如混凝土坍落度过小、局部堆积过高等，应及时进行人工干预。此时，可使用振捣棒进行辅助振捣，但务必注意避免振捣棒触碰套筒和预埋件，以防损坏。

（6）最后，清理工作同样重要。需彻底清除散落在模具、底模及地面上的混凝土残留物，保持整个工位的清洁与整洁，为下一道工序的顺利进行创造良好条件。

六、挤塑板安装

挤塑板安装如图2-61所示，其工艺要求及注意事项如下：

1. 预处理阶段：首先，根据图纸要求对挤塑板进行半成品加工，确保符合设计要求。同时，对于构件外漏的挤塑板周边，提前使用透明胶带进行细致粘贴，以保护其边缘并增强安装效果。

2. 安装准备：在安装挤塑板之前，应确保所有准备工作就绪，包括检查模板的平整度和稳固性，以及准备好必要的安装工具和材料。

3. 安装过程：安装时，需特别注意确保各挤塑板块之间紧密靠合，不留缝隙。同时，挤塑板必须紧贴模板四周，以增强整体结构的稳定性和密封性。

4. 时间控制：安装挤塑板的工作应在浇筑的混凝土初凝前完成，以避免混凝土凝固后无法有效固定挤塑板，影响安装质量和后续施工。

5. 平整度检查与调整：安装完成后，立即对挤塑板的平整度进行全面检查。发现任

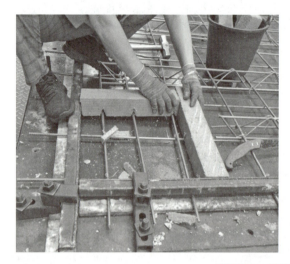

图 2-61 挤塑板安装

何凹凸不平的地方,应及时使用橡胶锤等工具进行轻敲调整,确保表面平整光滑。

6. 缝隙封堵:针对挤塑板之间的缝隙、连接件与孔之间的缝隙,采用发泡胶进行严密封堵。这一步骤对于提高保温效果、防止渗水具有重要意义。

七、连接件安装

连接件安装如图 2-62 所示,其工艺要求及注意事项如下:

图 2-62 连接件安装

1. 在进行钢筋网片布置时,需严格控制其与四周模具之间的保护层厚度,以确保结构强度和耐久性。

2. 同时,应特别关注钢筋网片与挤塑板之间的保护层厚度,避免直接接触导致功能受损或性能下降。

3. 垫块的位置和数量也是不可忽视的要素，它们对于维持钢筋网片的正确位置和保证保护层厚度具有关键作用。

4. 还需仔细检查钢筋网片与连接件之间的连接情况，确保连接牢固可靠，无松动或错位现象。

5. 关于钢筋网片间的搭接长度，必须严格按照设计要求进行操作，以保证整体结构的稳定性和安全性。

八、混凝土二次浇筑及振捣

混凝土二次浇筑及振捣如图 2-63 所示，其工艺要求及注意事项分别如下。

图 2-63　混凝土二次浇筑及振捣

1. 工艺要求

（1）混凝土制备：搅拌站需严格按照提供的配比、坍落度及体积等要求制备混凝土，确保混凝土质量符合施工标准。

（2）投料与布料：利用运输小车通过空中轨道高效运行，将混凝土准确投送至混凝土布料机。布料机在扫描到基准点后，将自动或根据指令手动开始布料作业。

（3）底模锁定与振捣：在布料完成后，迅速锁紧底模，随后启动振动平台进行振捣作业。振捣持续至混凝土表面无明显气泡逸出时停止，以确保混凝土密实度。

（4）模台解锁与浇筑完成：停止振捣后，及时松开模台锁紧装置，标志着浇筑与振捣阶段的顺利完成。

（5）浇筑后检验：在浇筑过程中及完成后，应立即对模具及内部埋件进行检验。一旦发现胀模、位移或封堵腔内进混凝土等异常情况，需立即采取措施进行处理，确保构件质量。

2. 注意事项

（1）避开关键部件：在浇筑过程中，应尽量避开套筒和预埋件的位置，以防对其造成损坏或影响其功能。

（2）控制浇筑量：严格控制混凝土的浇筑量，确保构件达到设计要求的厚度，避免过厚或过薄导致的质量问题。

（3）特殊情况处理：如遇混凝土坍落度过小、局部堆积过高等特殊情况，应及时进行人工干预。此时可使用振捣棒进行辅助振捣，但需特别注意避开预埋件等关键部件。

（4）初凝期处理：若一次浇筑的混凝土已进入初凝期，严禁使用振动平台进行整体振捣。此时应采用振捣棒进行插入式振捣，以避免对混凝土结构造成不利影响。

（5）清理工作：浇筑完成后，需及时清理散落在模具、底模及地面上的混凝土残留物，保持施工区域的整洁与清洁，为下一道工序的顺利进行创造良好条件。

九、赶平、收面

赶平、收面如图 2-64 所示，其工艺要求及注意事项如下：

图 2-64 赶平、收面

1. 赶平作业规范：在进行混凝土赶平时，首要原则是确保赶平设备（如振动尺、刮杠等）避免与模具直接接触，以防对模具造成损伤或影响构件表面平整度。

2. 厚度控制标准：以模具面板作为基准面，严格控制混凝土的铺设厚度，确保预制构件的尺寸精度和整体质量。

3. 边角区域特殊处理：由于预制构件的边角区域往往难以通过机械设备完全赶平，因此需要安排人工进行精细赶平作业，以保证边角区域的平整度和美观度。

4. 清理工作：在赶平作业过程中及完成后，应及时清理散落在模具、模台和地面上的混凝土残留物，保持工作区域的清洁与整洁，为后续工序的顺利进行创造良好条件。

5. 反打工艺特别注意事项：当采用反打工艺且构件外露钢筋、预埋件较多时，应特别注意赶平方式的选择。此时，推荐使用刮杠进行人工赶平，并特别注意将贴近表面的石子压下，以确保构件表面的平整度和光滑度，同时避免对钢筋和预埋件造成损伤。

十、预养护

预养护如图 2-65 所示，其工艺要求及注意事项如下：

预养窑内采用干蒸方式进行养护，温度被精确控制在 30～50℃之间，以确保混凝土经历一个适宜的升温过程。此预养阶段持续 1～1.5h，旨在使混凝土达到初凝强度，满足后续抹面工序的工艺要求。经过这样的预养护处理，混凝土将具备足够的强度基础，以便进行后续的加工和表面处理。

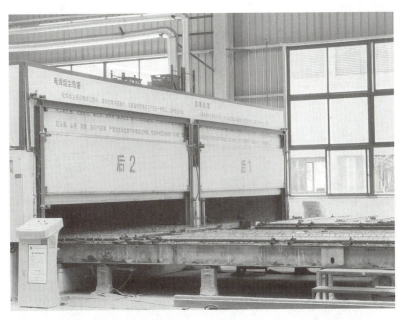

图 2-65　预养护

十一、抹面、收光

抹面、收光如图 2-66 所示，其工艺要求及注意事项如下：

1. 在混凝土初凝强度达到抹面工序所需的工艺要求后，方可启动抹面机进行抹面作业。在操作过程中，必须严格注意抹面机与模具、埋件之间的间隔，防止直接接触，以免造成损坏。对于预制构件的边角区域，由于机械作业难以达到理想效果，需安排人工进行精细抹平，以确保整体平整度。

2. 整个抹面工序细分为提浆、抹平、收面三个步骤，每一步都需精心操作，且在整个过程中严禁加水，以免影响混凝土的性能和表面质量。最终目标是实现混凝土表面平整度符合设计要求，且表面光洁无裂纹。

3. 完成抹面作业后，应立即将模台、模具上的所有杂物清理干净，包括残留的混凝土、水渍等，以保持工作区域的整洁与卫生，为后续的工序或构件的转移提供便利条件。

图 2-66　抹面、收光

十二、蒸汽养护

蒸汽养护如图 2-67 所示，其工艺要求及注意事项如下：

图 2-67　蒸汽养护

1. 养护最高温度不高于60℃。
2. 养护总时间一般为8~10h。
3. 操作工随时监测养护窑温度,并做好记录。
4. 经过养护,混凝土强度达到标准养护强度的70%以上,完成蒸汽养护。
5. 蒸汽养护后,构件表面应无裂纹。

十三、拆模

拆模如图2-68所示,其工艺要求和注意事项分别如下:

图2-68 拆模

1. 工艺要求

(1) 拆模前强度检查:在实施拆模作业前,必须严格检查预制构件的强度,确保其达到吊装强度要求,即不低于20MPa。这是保证拆模过程中构件完整性和安全性的关键步骤。

(2) 模具拆卸与回收:拆模时,需将所有紧固螺栓、磁盒、胶封、胶堵等附件逐一拆卸,并严格按照分类进行回收。这些附件应集中存放于周转箱内,以便后续再次使用,减少浪费并提升管理效率。

(3) 模具与构件分离:利用专业的拆模工具(工装)进行操作,将模具(包括边模、窗模等)与预制构件混凝土平稳、彻底地分离。此过程需确保不会对构件造成损伤。

(4) 埋件处理:对于超出构件表面的埋件,需进行切割和打磨处理,以保证该位置的平整度符合设计要求。这一步骤对于后续的安装和使用至关重要。

2. 注意事项

(1) 避免重物敲打:在拆卸模板时,应尽量避免使用重物直接敲打模具,以防造成模具变形或损坏,影响后续使用。

(2) 保护构件完整性:拆模过程中,需时刻关注构件的状态,确保其在整个过程中保持完整无损。任何可能导致构件破损或开裂的操作都应立即停止并调整。

（3）工具与模具管理：拆模工具使用后应及时放回指定位置，并摆放整齐，以便于下次取用。同时，拆下的模具应在清理完毕后妥善存放于模具存放区，以备后用。

（4）保持工位清洁：拆模工作完成后，需立即清理现场，将混凝土残渣及杂物打扫干净。保持工位的整洁不仅有助于提升工作效率，还能为后续的生产活动创造一个良好的环境。

十四、翻板吊装

翻板吊装如图 2-69 所示，其工艺要求及注意事项分别如下：

图 2-69 翻板吊装

1. 工艺要求

（1）强度检查与翻转准备：确保混凝土强度达到不低于 20MPa 的标准后，方可进行模台的翻转与起吊作业。此步骤是保障构件结构完整性和安全性的关键。

（2）吊具安装与翻转控制：在翻转前，需正确安装专用的吊具，并严格控制翻转角度在 80°~85°之间，以确保翻转过程的平稳与安全。

（3）模台顶升与构件运输：待模台平稳后，利用液压缸将其缓慢顶起，随后通过吊车将预制构件安全、稳定地吊运至成品运输小车上，准备进行下一阶段的转运或存储。

2. 注意事项

（1）安全检查：在起吊作业前，务必对专用吊具、钢丝绳等吊装设备进行全面检查，排除任何可能存在的安全隐患，确保吊装作业的安全进行。

（2）人员配合与平稳吊运：指挥人员需与吊车工紧密配合，确保构件在整个吊运过程中保持平稳状态，避免晃动或倾斜导致意外发生。

（3）作业规范与安全：整个吊运过程中，应严格遵守作业规范，禁止发生任何形式的磕碰，且构件不得在作业面上空随意行走或进行交叉作业，以防止安全事故的发生。

（4）工具保管与检查：起吊工具、工装、钢丝绳等使用完毕后，应及时存放到指定位置，并进行妥善保管。同时，需定期对这些设备进行检查和维护，确保其始终处于良好的工作状态。

十五、冲洗入库

冲洗入库如图 2-70 所示，其工艺要求及注意事项分别如下：

图 2-70　冲洗入库

1. 工艺要求

（1）吊运与冲洗：首先，利用起重机将已拆模且符合强度要求的构件安全吊运至冲洗区。

随后，严格按照图纸要求，使用高压水枪对构件的四周进行全面冲洗，以形成符合要求的粗糙面，便于后续的连接或处理。

（2）辅助埋件处理与周转材料安装：在冲洗完成后，拆除构件上水电等预留孔洞的各种辅助埋件，并妥善处理。接着，根据需求安装必要的周转材料，为构件的后续使用或存储做好准备。

（3）构件存放与检查：按照技术部门提供的构件存放方案，将处理好的构件精准地放置在指定的库位上。对构件的外观和固定强度进行仔细检查，确认无误后，进行报检流程，并填写入库单以办理入库交接手续。

2. 注意事项

（1）工序衔接与表面保护：注意各工序之间的紧密衔接，特别是冲洗环节，需及时完成以防表面粗糙剂失效，影响后续处理效果。

（2）缺陷构件处理：冲洗过程中若发现构件存在缺陷，应立即将其运至缓冲区进行待修处理，避免影响整体进度和质量。

（3）模块管理：可重复利用的模块在拆除后应放到指定的位置，以便后续再次使用，减少浪费。一次性使用的模块则需收集并妥善放置到指定位置，进行统一处理。

（4）冲洗标准与固定：冲洗构件四周时，必须严格按照图纸和操作规程进行，确保露骨深度达到质检标准，以满足后续使用要求。使用吊车将构件从冲洗区运至物流车时，应使用专用工具对构件进行稳固固定，防止运输过程中发生晃动或损坏。

任务4　预制内墙板工艺流程

一、预制内墙板生产工艺流程

预制内墙板生产工艺流程为：模台清理→划线→模具组装→涂刷脱模剂→钢筋绑扎→埋件预埋→浇捣混凝土→养护→脱模→吊板。

1. 模台清理

人工清理模台和模具上的混凝土残渣等铲除干净，并将清理下来的残渣进行统一收集处理。

如为自动生产，则先手动将凝固在模台上的大块混凝土进行松动、清理，再由模台清理机旋转滚刷对模台表面进行精细清理，清理下来的混凝土残渣通过清理机底部的废料箱收集。这里要注意模台及模具要确保清理干净，以保证构件生产质量。

2. 划线

划线有人工划线和机械划线，其工艺要求及注意事项如下：

在清理号的模台表面，根据图纸要求进行定位划线，如果是人工划线，则由人工通过墨斗等工具完成。如果为划线机划线，则是将构件CAD图纸传送到划线机的主电脑上，划线机自动按照图纸在模台上画出模具在模台上组装的位置和方向，以及预埋件的安装位置。

如果模台空间满足要求，可在同一模台上同时生产多个预制构件以提高模台使用效率。

3. 模具组装

按照图纸要求选择尺寸正确的模具，要保证模具清洁度、平整度，不能有翘曲、裂缝等。

将模具按照划线定位进行模具组装，并进行检查，保证成品质量。

4. 涂刷脱模剂

人工对模台及模具进行脱模剂喷涂，也可由喷涂机进行喷涂。

脱模剂的喷涂要涂抹均匀、无遗漏、无积液。如喷涂机喷涂不均匀，需要人工二次涂刷，以保证构件脱模质量。

5. 钢筋绑扎

根据图纸选择正确规格的钢筋，按照图纸位置放入水平钢筋、竖向钢筋及拉筋，并按照梅花状布置垫块，确保保护层厚度。

钢筋在放置过程中要保证水平、竖向钢筋间距，以及图纸要求的钢筋外伸长度，绑扎固定。

6. 埋件预埋

根据预埋件明细表选择生产所需预埋件，按照图纸位置进行安装。检查吊件、临时支撑预埋螺母、套筒组件、线盒的定位、数量、型号等。安装过程中要注意埋件与模台要固定牢固不能偏移，不得影响钢筋的性能。

7. 浇捣混凝土

混凝土的浇筑要连续均匀，在浇筑过程中应保证模具、预埋件、钢筋不发生变形或移位，如有偏差应采取措施及时纠正。

混凝土浇筑完毕后采用机械振捣成型，采用振捣棒时，振捣过程中不得触碰钢筋骨架、面砖和预埋件。

人工采用收光工具进行抹平。

8. 养护

采用平台加罩进行蒸汽养护并应制定养护制度，对静停、升温、恒温和降温时间进行控制。宜在常温下预养护 2~6h。

升、降温速度不宜超过 20℃/h。

最高养护温度不宜超过 70℃。

预制构件脱模时的表面温度与环境温度的差值不宜超过 25℃。

9. 脱模

按顺序对合格内墙板进行模具拆除，拆卸过程中要保证构件的完整性。

脱模后对不影响结构性能的局部破损和表面非受力裂缝用修补浆料进行表面修补。

10. 吊板

构件检查合格后，按照图纸要求进行编号，吊运至堆放区码放整齐。

二、预制内墙板生产过程

1. 准备工作

（1）安装模具

根据技术提供的图纸，确定模具的具体尺寸，如图 2-71 所示。

图 2-71　安装模板

(2) 清理卫生

保证模具上无固体尘杂、无散落细小构件等，如图 2-72 所示。

图 2-72　清理卫生

(3) 涂刷脱模剂

模具按材料分为两种，门窗洞口及暗梁处为铁制，其他为铝合金。铝合金部分应涂刷脱模剂。

铁制部分应涂刷机油，目的是防止模具生锈，如图 2-73 所示。

图 2-73　涂刷脱模剂

(4) 安装预埋固定件

根据技术提供的图纸，安装预埋固定件（图 2-74）。

图 2-74　安装预埋固定件

2. 钢筋部分

（1）铺设底部面筋

直接放置已经加工好的钢筋网片，用老虎钳钳断多余部分，多余的留作修补用，如图 2-75 所示。

图 2-75　铺设底部钢筋

（2）绑扎加强筋

加强筋主要是对板四周和洞口布置加强钢筋，采用绑扎连接到每层的钢筋网片上（图 2-76）。

（3）放置垫块

底面钢筋下，放置 10mm 的塑料垫块，保证钢筋网片统一抬高 10mm，垫块距离可适当调整，保证无下陷区域（图 2-77）。

（4）预埋插座、线管

在已经安装好的预埋固定件上安装水电预埋件，区分预埋正反面的位置（图 2-78）。

（5）安装吊钉

对照模具和图纸安放吊钉，吊钉下部采用绑扎的方式固定（图 2-79）。

图 2-76 绑扎加强筋

图 2-77 放置垫块

图 2-78 预埋插座、线管　　　　图 2-79 安装吊钉

(6) 预留插筋孔

按要求预留插筋孔（图 2-80）。

(7) 绑扎上部钢筋

按照模具尺寸放置上层钢筋网片，配置加强四周和洞口加强钢筋，但不要绑扎上部面筋、桁架钢筋和梁筋（图 2-81）。

图 2-80 预留插筋孔

图 2-81 绑扎上部钢筋

(8) 放置上部面筋垫块

放置 75mm 的塑料垫块，保证钢筋网片统一抬高 75mm，且无下陷区域（图 2-82）。

3. 混凝土部分

(1) 浇筑混凝土

按照图纸设计强度浇筑合格混凝土，按照企业标准随机取样（图 2-83）。

图 2-82 放置上部面筋垫块

图 2-83 浇筑混凝土

(2) 混凝土振捣

混凝土振捣过程中及完成后，察看预埋件是否存在跑位，如有跑位应即可人工归正（图 2-84）。

(3) 抹平

人工采用收光工具抹平（图 2-85）。

图 2-84　混凝土振捣　　　　　图 2-85　抹平

(4) 养护

采取洒水、覆膜、喷涂养护剂等方式养护，养护时间不少于 14d（图 2-86）。

图 2-86　养护

(5) 脱模

对合格的构件采取人工脱模，清理预埋件表面薄膜，不能用蛮力拆除模具，破坏构件的整体性（图 2-87）。

(6) 翻板

采用挂钩或者卸爪挂住构件进行翻板（图 2-88）。

(7) 吊板

吊板起吊机起吊，起吊后检查预制构件是否合格，并粘贴合格证（图 2-89）。

(8) 存放

按照施工顺序摆放整齐（图 2-90）。

图 2-87　脱模

图 2-88　翻板　　　　　　　　　　　图 2-89　吊板

图 2-90　存放

任务5　预制外挂板构件生产流程

预制外挂板制作工艺流程包括3部分，即准备工作、钢筋部分和混凝土部分，具体阐述如下。准备工作：安装模具→清理卫生→涂刷脱模剂。

钢筋部分：铺设底部面筋→绑扎加强筋→放置垫块→安装吊钉→安装门框→安装预埋件→预制上部面筋。

混凝土部分：浇筑混凝土→放置保温层→绑扎上部面筋→插玄武岩钢筋→放置外挂板连接钢筋→空尺寸、放置剪力键及套筒定位杆件→混凝土二次浇筑及振捣→抹平→拆除套筒定位杆件→拉毛→养护→脱模→翻板→吊板→存放。

一、准备工作

（1）安装模具

根据技术提供的图纸，确定模具具体尺寸（图2-91）。

（2）清理卫生

保证模具上无固体尘杂、无散落细小构件（图2-92）。

图2-91　安装模具　　　　　　　　图2-92　清理卫生

（3）涂刷脱模剂

模具按材料分为两种：门窗洞口及暗梁处为铁制，其他为铝合金。铝合金部分涂刷脱模剂（图2-93），铁制部分涂刷机油（防止模具生锈）。

二、钢筋部分

1. 铺设底部面筋

直接放置已经加工好的钢筋网片，用老虎钳剪断多余部分，多余的留作修补用（图2-94）。

图 2-93 涂刷脱模剂　　　　　图 2-94 铺设底部面筋

2. 绑扎加强筋

绑扎底部加强筋，同时绑扎上部加强筋（图 2-95）。

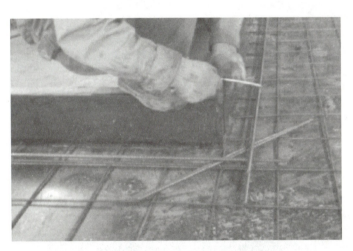

图 2-95 绑扎加强筋

3. 放置垫块

底部放置 10mm 的塑料垫块，保证钢筋网片统一抬高 10mm，无下陷区域（图 2-96）。

4. 安装吊钉

吊钉的安装如图 2-97 所示。

5. 安装门框

安装门框用螺栓钻孔固定（图 2-98）。

6. 安装预埋件

在已经安装好的预理固定件上安装水电预埋件，区分预埋正反面的位置（图 2-99）。

图 2-96　放置垫块

图 2-97　安装吊钉

图 2-98　安装门框

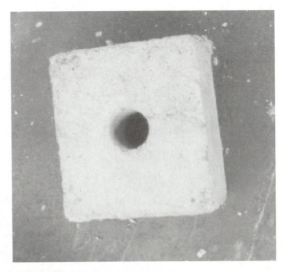

图 2-99 安装预埋件

7. 绑扎上部面筋

按照模具尺寸放置上层钢筋网片,绑扎预制好的加强四周和洞口加强钢筋,但不要绑扎上部面筋、桁架钢筋和梁(图 2-100)。

图 2-100 绑扎上部面筋

三、混凝土部分

1. 浇筑混凝土

按照图纸设计强度浇筑合格混凝土(图 2-101),按照企业标准随机取样。

2. 放置保温层

按要求放置保温层(图 2-102)。

3. 绑扎上部面筋

按要求绑扎上部面筋(图 2-103)。

4. 插玄武岩钢筋

按照图纸要求放置玄武岩钢筋,摆放完成后用锤子轻轻击入保温板(图2-104)。

图2-101 浇筑混凝土

图2-102 放置保温层

图 2-103　绑扎上部钢筋　　　　　　图 2-104　插玄武岩钢筋

5. 放置外挂板连接钢筋

按照要求放置外挂板连接钢筋（图 2-105）。

6. 定尺寸、放置剪力键及套筒定位杆件

按要求定尺寸、放置剪力键及套筒定位杆件（图 2-106）。

图 2-105　放置外挂板连接钢筋

图 2-106　定尺寸、放置剪力键及套筒定位杆件

7. 混凝土二次浇筑及振捣
按要求进行混凝土二次浇筑及振捣（图 2-107）。

8. 抹平
人工采用收光工具抹平（图 2-108）。

图 2-107　混凝土二次浇筑及振捣

图 2-108　抹平

9. 拆除套筒定位杆件（图 2-109）

图 2-109　拆除套筒定位杆件

10. 拉毛
减少光滑度，防止结合不牢，提高粘结力（图 2-110）。

图 2-110　拉毛

11. 养护
采取洒水、覆膜、喷涂养护剂等方式养护，养护时间不少于14d（图2-111）。

12. 脱模
对合格的构件采取人工脱模。用撬棍轻击至顶部模具脱离，并拆除构件上部和门窗模具，清理预埋件表面薄膜（不能使用蛮力拆除模具，以免破坏构件的整体性），然后采用机械起吊脱模（图2-112）。

图2-111　养护　　　　　　　　　　　图2-112　脱模

13. 翻板
采用挂钩或者卸爪挂住构件进行翻板（图2-113）。

14. 吊板
起吊机起吊，起吊时检查预制构件是否合格，并粘贴合格证（图2-114）。

图2-113　翻板　　　　　　　　　　　图2-114　吊板

15. 存放
按照顺序摆放整齐（图2-115）。

图 2-115　存放

任务 6　预制梁制作工艺流程

预制梁制作工艺流程包括 3 部分，即准备工作、钢筋部分和混凝土部分，具体阐述如下。准备工作：清理模具→涂刷脱模剂。

钢筋部分：绑扎钢筋→钢筋装模→固定模具。

混凝土部分：浇筑混凝土→抹平→养护→起吊→脱模→存放。

3.

梁模板的支设

一、准备工作

1. 清理模具

用锤子或铲子轻击模具，使模具中残留混凝土脱落，然后清扫干净（图 2-116）。

图 2-116　清理模具

2. 涂刷脱模剂

铝合金部分涂刷脱模剂，铁制部分涂刷机油（防止模具生锈）（图 2-117）。

图 2-117　涂刷脱模剂

二、钢筋部分

1. 绑扎钢筋

按照图纸要求提前绑扎钢筋，统一堆放（图 2-118）。

图 2-118　绑扎钢筋

2. 钢筋装模

钢筋入模后人工调整其整齐度，避免钢筋位置偏移（图 2-119）。

图 2-119　钢筋装模

3. 固定模具

用螺旋杆件固定模具，避免混凝土浇筑引起跑模（图 2-120）。

图 2-120　固定模具

三、混凝土部分

1. 浇筑混凝土

采用泵车浇筑人工填补方式浇筑混凝土（图 2-121）。

2. 抹平（图 2-122）

3. 养护

统一摆放养护，达到一定凝结度时可拆除侧模（图 2-123）。

图 2-121　浇筑混凝土

图 2-122　抹平

图 2-123　养护

4. 起吊

小型起吊机起吊，挂钩钩于预制梁两侧起吊筋上（图 2-124）。

5. 脱模

人工用铁棍轻击至模具脱落（图 2-125）。

图 2-124 起吊

图 2-125 脱模

6. 存放

按施工日期依次存放（图 2-126）。

图 2-126 存放

任务 7　预制柱构件生产流程

预制柱生产工艺流程：底模施工→底模上弹出模板边线、预埋件位置→底板模板及预埋件安装→钢筋绑扎→钢筋验收→侧壁铁件安装→侧壁钢筋保护层垫块安装→合侧模→模板加固→顶面铁件安装→隐蔽验收→混凝土施工。

一、钢筋工程

1. 钢筋原材料检验：钢筋进场应按不同的规格种类分别抽样复检和见证取样，每批量抽样所代表的数量不超过 60t，见证数量为总检验数的 30% 以上，钢筋经复检合格后方可进行加工，在未确认该批钢筋原料合格的情况下，不得提前进行加工。

2. 钢筋保护层：钢筋保护层厚度为 30mm，底部采用大理石垫块，侧壁采用塑料垫块。

3. 钢筋主筋中的纵向受力钢筋不允许采用绑扎连接，且同一断面接头不多于 25%，两接头应错开 35d。钢筋主筋应采用闪光接触对焊连接，施工过程中，要严格控制柱主筋焊接接头质量。闪光接触对焊接头必须先做班前焊试件送试验室进行钢筋连接试验，试验合格后再进行柱主筋焊接。

4. 钢筋放样与配料：在绘制钢筋配料单之前，需深入研读图纸，明确设计意图，全面掌握图纸内容，并熟悉相关的规程规范、抗震构造节点等技术文件。钢筋配料单应精确无误地反映钢筋的部位、形状、尺寸及数量，确保与钢筋表中的钢筋编号一一对应，做到表述清晰、图文相符。在构造允许的范围内，应合理规划原料使用，以减少钢筋损耗，实现材料的有效节约。钢筋的加工工作则直接在干熄焦施工现场进行。

5. 钢筋运输与安装准备：加工完成的钢筋通过板车运输至预制柱的施工场地。在安装前，必须彻底清扫底模表面，确保无杂物残留；若使用旧模板，则需先涂刷脱模剂后再进行钢筋的绑扎工作。同时，按照图纸要求准确放置并固定柱子的预埋件。

6. 钢筋安装：钢筋的安装需严格遵循图纸标注的位置，遵循先上后下的顺序进行。安装过程中，应确保每根钢筋都准确无误地放置在指定位置。

7. 斜腹杆钢筋穿插与绑扎：待上层钢筋安装完毕后，需进行斜腹杆钢筋与主柱钢筋的穿插与绑扎工作，确保两者之间的连接牢固可靠。

8. 验收与合模：钢筋安装完毕后，应及时进行报验验收，检查钢筋绑扎是否准确无误，同时核对底板、预埋件及预埋螺栓的数量、位置、型号是否符合设计要求。只有在确认所有环节均无误后，方可进行柱侧模的合模工作。

9. 钢筋加工安装质量标准见表 2-11 所示。

钢筋加工安装质量标准　　　　　表 2-11

项目		允许偏差/mm		检查方法
绑扎钢筋网		长、宽	±10	钢尺检查
		网眼尺寸	±20	钢尺量连续三档，取最大值
绑扎钢筋骨架		长	±10	钢尺检查
		宽、高	±5	钢尺检查
受力钢筋		间距	±10	钢尺量两端、中间各一点，取大值
		排距	±5	
	保护层厚度	柱、梁	±5	钢尺检查
		墙	±3	钢尺检查

续表

项目		允许偏差/mm	检查方法
绑扎钢筋、横向筋间距		+20	钢尺量连续三档,取最大值
预埋件	中心线位置	+5	钢尺检查
	水平高差	+3,0	钢尺和塞尺检查

二、模板工程

1. 地面处理：首先，对预制柱加工区域的地面进行打夯处理，确保表面坚实平整。随后，使用刮板对柱底模地面进行精细刮平，控制误差在20mm以内，为后续工作打下坚实基础。

2. 基础浇筑：在地面压实找平后，进行C20混凝土的浇筑工作，浇筑区域宽度为5000mm，厚度为100mm。浇筑过程中，由专业测量人员精确投放标高并挂线指导，工人使用刮板将混凝土表面刮平至要求精度，复测平面每2m一点，确保最大高差不超过5mm。

3. 底模铺设：为达到底面光滑的效果，在已浇筑的混凝土基础上铺设一层18mm厚的多层板，并在多层板下方均匀铺设50mm×100mm木方，间距为200mm。同时，仔细处理底模接缝，使用腻子进行刮平处理，确保接缝平滑。侧向模板应紧密贴合底模，以增强整体稳定性。

4. 模板密封：侧模与侧模之间、侧模与底模之间的板缝，均采用海绵胶条进行密封处理，有效防止浇筑过程中漏浆现象的发生。

5. 预埋件处理：预埋件的四边需精确切割并打磨平整，确保与外模紧密贴合。预埋件需通过焊接方式固定于主筋上，以防止在浇筑过程中发生移位。

6. 模板加固：模板加固采用q12对拉螺栓结合槽钢[12进行。模板内楞采用100mm×50mm木方作为水平楞，间距设为200mm。外楞则每边配置槽钢2[12作为立楞，立楞间距为400mm。槽钢之间通过对拉螺栓连接，并使用100mm×100mm×10mm钢板作为连接件，外加双螺母拧紧以确保牢固。对于厂房柱腹杆的支模，采用18mm厚多层板定制模板，辅以木方作为楞和支撑结构。

7. 位置与垂直度校核：在模板加固之前及之后，均需对柱模的位置和垂直度进行精确校核，确保符合设计要求。模板安装过程中，需拉通线以确保模板平直无偏差。

8. 模板清理：模板加固完成后，使用吸尘器彻底清理模板内的砂土、杂物等，为后续的混凝土浇筑工作创造干净、整洁的作业环境。

三、混凝土工程

1. 施工准备条件：钢筋验收、预埋铁件验收及模板验收全部完成，且模板内部已彻底清理干净后，方可进行混凝土施工。

2. 混凝土运输与浇筑：混凝土采用混凝土罐车运输至现场，通过自卸方式下料，随后由人工辅助将混凝土送入模板内。浇筑过程中，需特别注意混凝土的振捣工作，鉴于钢筋密集的特性，选用 30 型小型振动棒进行振捣。施工顺序从柱根逐步向上至柱头，振捣时避免振动棒与预埋铁件直接接触，以防其移位。

3. 质量控制：严格控制混凝土坍落度在 140～160mm 范围内，每车混凝土均需进行坍落度检测。振捣完成后，立即使用刮杠刮平混凝土表面，随后以木抹子初平，再以铁抹子压光，确保表面平整密实，无气孔、麻面等缺陷。

4. 养护措施：混凝土压光后，应立即启动养护程序，首先表面喷洒淡水保持湿润，随后覆盖一层塑料薄膜，并在其上再加盖草帘，以持续保持混凝土表面湿润状态，促进强度发展。

5. 拆模与后续处理：拆模须在混凝土强度达到 80% 后进行，但仅限于拆除外侧模板，并及时采取覆盖措施继续养护。柱中斜撑部分因混凝土截面较小，需特别养护 7d 后方可拆模。

柱子的翻身、吊运及安装作业，必须等待混凝土强度达到 100% 完全固化后方可进行，以确保结构安全。在柱子翻身、吊运过程中，必须使用橡胶垫等保护措施，防止边角受损。

6. 质量检查

（1）预制柱必须全数检查，检查工具：50m 钢尺、直尺、2m 靠尺、塞尺、细线。

（2）预制柱的尺寸允许偏差及检验方法见表 2-12。

预制构件尺寸允许偏差及检验方法　　　　　　表 2-12

项目			允许偏差/mm	检验方法
长度	板、梁、柱、桁架	<12m	±5	尺量检查
		≥12m 且<18m	±10	
		≥18m	±20	
	墙板		±4	
宽度、高(厚)度	板、梁、柱、桁架截面尺寸		±5	钢尺量一端及中部，取其中偏差绝对值较大处
	墙板的高度、厚度		±3	
表面平整度	板、梁、柱、墙板内表面		5	2m 靠尺和塞尺检查
	墙板外表面		3	
侧向弯曲	板、梁、柱		$l/750$ 且≤20	拉线、钢尺量最大侧向弯曲处
	墙板、桁架		$l/1000$ 且≤20	
翘曲	板		$l/750$	调平尺在两端测量
	墙板		$l/1000$	
对角线差	板		10	钢尺量两个对角线
	墙板、门窗口		5	
挠度变形	板、梁、桁架设计起拱		±10	拉线、钢尺量最大弯曲处
	板、梁、桁架下垂		0	
预留孔	中心线位置		5	尺量检查
	孔尺寸		±5	
预留洞	中心线位置		10	
	洞口尺寸、深度		±10	
门窗口	中心线位置		5	
	宽度、高度		±3	

续表

项目		允许偏差/mm	检验方法
预埋件	预埋件锚板中心线位置	5	尺量检查
	预埋件锚板与混凝土面平面高差	0,−5	
	预埋螺栓中心线位置	2	
	预埋螺栓外露长度	+10,−5	
	预埋套筒、螺母中心线位置	2	
	预埋套筒、螺母与混凝土面平面高差	0,−5	
	线管、电盒、木砖、吊环在构件平面的中心线位置偏差	20	
	线管、电盒、木砖、吊环与构件表面混凝土高差	0,−10	
预留插筋	中心线位置	3	尺量检查
	外露长度	+5,−5	
键槽	中心线位置	5	尺量检查
	长度、宽度、深度	±5	

注：1. l 为构件最长边的长度（mm）。
　　2. 检查中心线、螺栓和孔道位置偏差时，应沿纵横两个方向量测，并取其中偏差较大值。

任务8　预制楼梯构件生产流程

预制楼梯的生产工艺分为立模浇筑法和卧模浇筑法，前者生产速度快、抹面和收光面工作量小，后者抹面收光工作量大。这里主要介绍预制楼梯立模生产的主要工艺流程。

预制楼梯生产工艺流程（立式）：模具清理、喷涂脱模剂、钢筋加工绑扎、放置钢筋笼、安装预埋件、合模加固、浇捣混凝土、养护、拆模、吊运。

一、预制楼梯生产工艺流程

1. 模具清理。清理模具上残留的混凝土等杂物，确保模具清洁，便于施工。
2. 喷涂脱模剂。在模具表面喷涂脱模剂，确保喷涂均匀无遗漏，方便后期脱模。
3. 在绑扎工位根据图纸要求绑扎楼梯钢筋及垫块，将垫块用钢丝绑扎在上部钢筋上，浇筑后形成保护层。完成规格、尺寸、间距等检查，合格后进行钢筋笼安放。
4. 根据图纸进行吊钉等预埋件的预埋，注意不可遗漏、错位。
5. 待准备及钢筋部分工序完成并检查无误后进行模版的合模，在合模过程中，一侧模具向另一侧模具滑动，并用连接杆件、螺栓将模具进行紧固。
6. 浇捣混凝土、养护。通过漏斗浇筑混凝土，使用振捣棒进行充分振捣，保证混凝土密实无气泡，完成振捣后利用抹子人工对楼梯侧面进行收面，静置后罩上养护棚架开始养护。
7. 拆模、吊运。构件达到养护周期后方可拆模吊运，拆模、起吊按照拆卸紧固件、接触侧模间拉杆、滑出一侧模板、榔头轻敲构件进行脱模、穿入吊钩慢慢起吊运至堆放场地。

二、预制楼梯构件生产过程

1. 准备工作

（1）安装模具（图 2-127）。

（2）清理模具（图 2-128）。

4. 楼梯模板的支设

图 2-127　安装模具

图 2-128　清理模具

(3) 预埋螺杆（图 2-129）。

图 2-129　预埋螺杆

(4) 上部吊钉预埋（图 2-130）。

图 2-130　上部吊钉预埋

(5) 喷涂脱模剂：四周需喷涂到位，方便脱模（图 2-131）。

2. 钢筋部分

（1）绑扎上部钢筋。

按图纸要求摆放钢筋，用钢丝绑扎（图 2-132）。

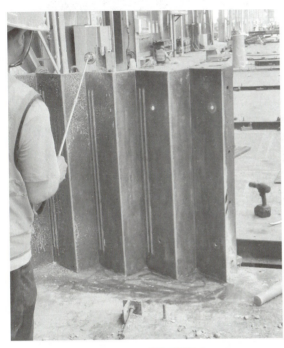

图 2-131　喷涂脱模剂

图 2-132　绑扎上部钢筋

（2）放置垫块。

将垫块用钢丝绑扎在上部钢筋上，浇筑后形成保护层（图 2-133）。

图 2-133　放置垫块

（3）绑扎底部钢筋用钢筋架起底部纵向筋，并用钢丝绑扎提前预留的横向筋（图2-134）。

图2-134　绑扎底部钢筋

（4）预留保护层厚度。

抽离架起钢筋，用钢丝将底部钢筋网悬吊在模具上，预留混凝土保护层厚度（图2-135）。

图2-135　预留保护层厚度

（5）绑扎楼梯预制钢筋（图2-136）。

（6）填充泡沫棒。

填充泡沫棒，防止混凝土浇筑时漏浆（图2-137）。

图 2-136 绑扎楼梯预制钢筋

图 2-137 填充泡沫棒

(7) 固定模具,避免跑模(图 2-138)。

(8) 钢筋定位,用 PC 管对预留钢筋进行定位(图 2-139)。

图 2-138　固定模具

图 2-139　钢筋定位

3. 混凝土部分

(1) 浇筑混凝土

泵车浇筑混凝土，细部采用人工补齐（图 2-140）。

图 2-140 浇筑混凝土

（2）混凝土振捣

人工采用振捣棒振捣，达到一定密实度后可以拆除用于设置保护层厚度的钢筋（图 2-141）。

图 2-141 混凝土振捣

(3) 放置底部吊筋倒插至混凝土中，安放距离要求离上部吊钉 300mm（图 2-142）。

图 2-142　放置底部吊筋

(4) 拉毛

混凝土初凝后对底部表面进行拉毛处理（图 2-143）。

图 2-143　拉毛

(5) 养护

浇筑完成后现场存放养护（图 2-144）。

(6) 脱模

拧开固定螺栓，用锤子和撬棍轻击至模具脱落（图 2-145）。

(7) 起吊（图 2-146）

(8) 存放（图 2-147）

教学单元3 较为典型的PC构件生产流程

图 2-144 养护

图 2-145 脱模

图 2-146 起吊

图 2-147 存放

课后练习

一、单项选择题

1. 垫块布置应为梅花形布置，垫块间距宜在（ ）左右，以满足钢筋保护层的要求。

   A. 100mm B. 150mm C. 500mm D. 530mm

2. 楼梯模具一侧钢模板安装时，两侧模板接缝处（侧模与侧模、侧模与底模等接缝处）用（ ）沿模板内缝封堵密实，以防出现跑浆、漏浆现象。

   A. 密封条 B. 脱模剂 C. 缓凝剂 D. 隔离剂

3. 混凝土预制叠合板生产时，混凝土从出机到浇筑完毕的延续时间，气温高于25℃时不宜超过（ ）min，气温不高于25℃时不宜超过（ ）min。

   A. 60，90 B. 60，60 C. 90，90 D. 90，60

4. 预制内墙板蒸汽养护最高温度不高于（ ）℃，养护总时间一般为（ ）h。

   A. 65，8～10 B. 60，8～10 C. 60，6～8 D. 65，6～8

5. 预制叠合楼板采用拉毛处理方法时应在混凝土达到（ ）完成。

   A. 初凝前 B. 初凝后 C. 终凝前 D. 终凝后

二、多项选择题

1. 预制混凝土叠合板由（ ）组成。

   A. 底板 B. 后浇叠合层 C. 桁架钢筋 D. 底筋

2. 模具组装前，模板（ ）等应该满足相关设计要求。

   A. 接触面平整度 B. 板面弯曲 C. 拼装间隙 D. 几何尺寸

3. 外叶墙板混凝土振捣工具为（ ），内叶墙板混凝土振捣工具为（ ）

   A. 振动台 B. 振捣棒 C. 杠尺 D. 橡胶锤

三、判断题

1. 封堵件应安装牢固，防止在浇筑混凝土时封堵件脱落、松动。（   ）
2. 叠合楼板底板最外层钢筋的混凝土保护层厚度为10mm。（   ）
3. 平模工艺是目前预制构件的主流生产工艺。（   ）
4. 楼梯蒸养降温阶段完成后，模内温度与外界温差不大于10℃，测试其强度，达到拆模强度后即可组织拆模。（   ）
5. 预制墙板高度允许偏差为±2mm。（   ）

四、简答题

1. 简述灌浆套筒安装的相关规定。
2. 简述预制内墙板混凝土一次浇筑及振捣的工艺要求及注意事项。
3. 简述预制楼梯构件生产流程。

思政案例

三星堆博物馆新馆建设
——职业教育为产业强国夯实技术技能基础

在新时代的浩荡春风中，职业教育如同一股强劲的力量，正深刻改变着我国经济发展的面貌，为产业强国之路夯实了坚实的技术技能基础。习近平总书记高瞻远瞩，指出"职业教育前途广阔、大有可为"，这一重要论断不仅为职业教育的发展指明了方向，也激励着每一位职教工作者和学子奋勇前行。

一、职业教育的时代使命

面对全球产业变革和技术革新的挑战，实体经济作为国家经济的"压舱石"，其重要性不言而喻。而实体经济的做强做大，离不开大量高素质技术技能人才的支撑。职业教育，作为连接教育与产业的桥梁，承载着培养技能人才、传承工匠精神、推动产业升级的历史使命。它不仅是培养"蓝领"的摇篮，更是孕育"大国工匠"的沃土，是推动经济社会高质量发展的关键力量。

二、构建现代职业教育体系的成就

党的十八大以来，我国职业教育实现了前所未有的快速发展，构建了"中职—高职专科—职业本科"一体化的职业学校体系，这一体系的完善，为广大学子提供了更多元化、更高层次的教育选择。同时，通过提质培优、产教深度融合，职业教育不断与市场需求对接，形成了与行业企业紧密相连的办学特色，为经济社会发展输送了大批"下得去、留得住、用得上"的高素质技术技能人才。

三、职业教育的生动实践——以三星堆博物馆新馆建设为例

三星堆博物馆新馆的快速落成，是职业教育成果的一次生动展现。在这个项目中，一支来自四川建筑职业技术学院"智能建造技术"新专业的毕业生团队发挥了关键作用。他们利用建筑信息化模型技术，提前搭建虚拟博物馆，精准预测并排除了建设中的各种风险，确保了工程的顺利进行和提前完工。这一实践不仅展示了职业教育在技术创新和应用方面的独特优势，也充分证明了职业教育与产业融合发展的巨大潜力。

四、职业教育的未来展望

展望未来,职业教育将在产业强国建设中发挥更加重要的作用。一方面,随着科技的进步和产业的升级,职业教育需要不断更新教学内容和方式方法,以适应新的发展需求。另一方面,职业教育还需要加强与国际接轨,学习借鉴国际先进经验,提升办学水平和国际竞争力。同时,我们还需要大力弘扬工匠精神,培养更多具有高超技艺和精益求精精神的能工巧匠、大国工匠,为产业强国建设提供源源不断的人才支持。

总之,职业教育作为产业强国的重要基石,其发展前景广阔、大有可为。我们应积极响应习近平总书记的号召,不断深化职业教育改革,提高职业教育质量,为培养更多高素质技术技能人才、能工巧匠、大国工匠而努力奋斗。让职业教育成为推动经济社会发展的强大引擎,为实现中华民族伟大复兴的中国梦贡献力量。

模块 3
装配式混凝土结构的施工

学习目标：
1. 了解装配式构件施工时选用的机械及设备设施；
2. 了解装配式构件施工前的准备工作；
3. 熟练掌握预制构件的吊装流程；
4. 熟练掌握装配式构件常见的质量通病；
5. 培养学生理性思维、批判质疑、勇于探究的精神。

课程重点：
1. 装配式构件合理运输及运输半径的测算；
2. 预制构件的吊装流程；
3. 装配式构件常见的质量通病及预防办法。

教学单元1 施工机械设备设施

任务1 起重设备和吊具

一、起重设备

1. 起重设备：起重设备的种类有塔式起重机、履带式起重机、汽车式起重机（图3-1）、非标准起重装备（拔杆、桅杆式起重机）配套吊索具及工具。

图3-1 起重设备

当建筑层数较多，高度较大，综合考虑其他施工作业的垂直运输问题，一般均选用塔式起重机。塔式起重机选择应考虑以下几个方面：

（1）应根据平面图选择合适吊装半径的塔式起重机。

（2）对最重构件进行吊装分析，确定吊装能力。

（3）对起重高度需考虑建筑物的高度（安装高度比建筑物高出2～3节标准节，一般高出10m左右）。群体建筑中相邻塔吊式起重机的安全垂直距离要求错开2节标准节高度。

（4）检验构件堆放区域是否在吊装半径之内，且相对于吊装位置正确，避免二次移位。

2. 吊具（图3-2）

（1）吊索选择。钢丝绳吊索，一般选型号为6×19+1互捻钢丝绳，此钢丝绳强度较高，吊装时不易扭结。

吊索安全系数$n=6$～7，吊索大小、长度应根据吊装构件质量和吊点位置计算确定。吊索和吊装构件吊装夹角一般控制在不小于45°。

（2）卸扣选择。卸扣大小应与吊索相配。

（3）手拉葫芦选择。手拉葫芦用来完成构件卸车时翻转和构件吊装时的水平调整。手拉葫芦在吊装中受力一般大于所配吊索，吊装前要根据构件质量、设置位置、翻转吊装和水平调整过程中手拉葫芦最不利角度通过计算来确定，一般选用 3t 手拉葫芦即可，一般应该大于或等于吊索的质量。

图 3-2　常见吊具（吊索、卸扣、手拉葫芦）

3. 塔式起重机基础知识

（1）装配式建筑塔式起重机的特点。与一般房屋建筑塔式起重机相比，装配式建筑塔式起重机具有重力矩（吊运吨位）大，额定力矩一般为 160～250t·m；能够无级变速，满足装配式建筑施工中各种负责工况下的就位要求。

（2）运行机构。塔式起重机有起升机构、小车牵引（变幅）机构和回转机构三个主要运行机构。起升机构运行时，吊钩起升或下落；小车牵引机构运行时，吊钩沿其中臂向前或向后运动；回转机构运行时，起重臂向左或向右旋转。允许塔式起重机同时运行两个机构，但不得同时运行三个机构。

（3）塔式起重机限位保护装置。起升高度限位器用于起升高度限位，吊钩起升至与起重臂限定距离时，将无法再升起；变幅限位器用于小卡车因运行行程限位，当变幅小车向前运动至与起重臂最前端一定距离时，将无法再向前；向后运动到塔身一定距离时，将无法再向后；回转限位器用于限制塔式起重机回转的角度，为保护塔式起重机电缆，限制起重臂向左或向右旋转圈数。

（4）塔式起重机能都吊运重物的质量和位置。吊运重物质量（含吊具质量）＝额定力矩/吊钩的幅度（即吊钩与塔身中轴线的距离），在起吊时，塔式起重机吊运重物的力矩超过额定力矩时，将无法起吊；在吊钩向前运动时，塔式起重机吊运重物的力矩要超出额定力矩时，将无法继续向前运动。

任务 2　施工安装专用器具

预制构件在施工安装的过程中应用到大量的预制构件专用安装工器具，提高施工安装效率，保证了安装质量。

1. 鸭嘴吊具：吊装墙体和楼梯等预制构件的专用吊装工具，是配合预埋的吊钉进行吊装的，如图 3-3 所示。

图 3-3　鸭嘴吊具

2. 插筋定位模具：为保证钢筋预留位置准确，可在浇筑前自制插筋定位模具（图 3-4），确保上一层预制墙体内的套筒与下一层的预留插筋能够顺利对孔。

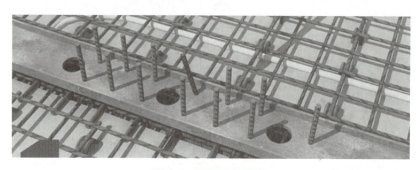

图 3-4　插筋定位模具

3. 靠尺：主要用于测量竖向构件安装的垂直度，如图 3-5 所示。

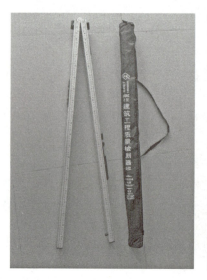

图 3-5　靠尺

4. 起吊架：在吊装预制墙板时，为防止单点起吊引起构件变形，通常采用起吊扁担起吊，如图 3-6（a）所示；为了避免预制楼板吊装时因受力集中而造成叠合板开裂，预制楼板吊装宜采用专用吊架，如图 3-6（b）所示。

(a)起吊扁担

(b)预制楼板起吊架

图 3-6　起吊架

5. 临时斜支撑：用于预制墙板、预制柱的临时固定以及垂直度的调整，一般分长杆和短杆两个部分，如图 3-7 所示。

图 3-7　临时斜支撑

6. 独立支撑：用于叠合楼板安装时的支撑体系，如图 3-8 所示。

图 3-8　独立支撑

任务 3　施工前准备

装配式建筑的施工环节相当于工业制造的总装阶段，是按照建筑设计的要求，将各种建筑构件部品在工地装配成整体建筑的施工过程。装配建筑的施工要遵循设计、生产、施工一体化原则，并与设计、生产、技术和管理协同配合。装配化施工组织设计、施工方案的制定要点围绕装配化施工技术和方法。通过全过程的高度组织化管理，以及全系统的技术优化集成控制，全面提升施工阶段的质量。装配化施工前的准备工作包括施工组织设计、施工组织安排和施工平面布置三个内容。

一、施工组织设计

1. 编制原则

工程施工组织设计应具有预见性，能够客观反映实际情况，涵盖项目的施工全过程，施工组织设计要做到技术先进、部署合理、工艺成熟，并且要有较强的针对性、指导性和可操作性。

2. 编制依据

（1）施工组织设计的编制应遵循相关法律法规文件并符合现行国家或地方标准。

（2）施工组织设计的编制要依据工程设计文件及工程施工合同，结合工程特点、建筑功能、结构性能、质量要求等来进行。

（3）施工组织设计编制时应结合工程现场条件，工程地质及水文地质、气象等自然条件。

（4）施工组织设计的编制应结合企业自身生产能力、技术水平及装配式建筑构件生产、运输、吊装等工艺要求，制定工程主要施工办法及总体目标。

3. 主要编制内容

装配式建筑施工组织设计的主要内容包括：

(1) 编制说明及依据：包括文件名称、项目特征、施工合同、工程地质勘查报告、经审批的施工图、主要的现行国家和地方标准等。

(2) 工程特点分析：从本工程特点分析入手，层层剥离出施工重点，并提出解决措施；要着重分析预制深化设计、加工制作运输、现场吊装、测量、连接等施工技术。

(3) 工程概况：包括工程的建设概况、设计概况、施工范围、构件生产厂商、现场条件、工程施工特点等，同时针对工程重点、难点提出解决措施。

(4) 工程目标：工程的工期、质量、安全生产、文明施工以及职业健康安全管理、科技进步和创优目标、服务目标等，对各项目标进行内部责任分解。

(5) 施工组织与部署：要以图表等形式列出项目管理组织机构图并说明项目管理模式、项目管理人员配备、职责分工和项目劳务队安排；要概述工程施工区段的分、施工顺序、施工任务划分、主要施工技术措施等。

(6) 施工准备：概述施工准备工作组织、时间安排、技术准备、资源准备、现场准备等。技术准备包括规范标准准备、图纸会审及构件拆分准备、施工过程设计与开发、检验批的划分、配合比设计、定位桩接收和复核、施工方案编制计划等。

资源准备包括：机械设备、劳动力、工程用材、周转材料、资源组织等。

现场准备包括：现场准备任务安排、现场准备内容的说明等。

(7) 施工总平面布置：结合工程实际，说明总平面图编制的约束条件，分阶段说明现场平面布置图的内容，并阐述施工现场平面布置管理内容。

在施工现场平面布置策划中，除需要考虑生活办公设施、施工便道、堆场等临时建筑布置外，还应根据工程预制构件种类、数量、最大重量、位置等因素结合工程运输条件，设置构件专用堆场及道路；PC构件堆场设置需满足预制构件堆载重量、堆放数量，结合方便施工、垂直运输设备吊运半径及吊重等条件进行设置，构件运输道路设置应能够满足构件运输车辆载重、转弯半径、车辆交汇等要求。

(8) 施工技术方案：根据施工组织与部署中所采取的技术方案，对本工程的施工技术进行相应的叙述，并对施工技术的组织措施及其实施、检查改进、实施责任划分进行叙述。在装配式建筑施工组织设计技术方案中，除包含传统基础施工、现浇结构施工等施工方案外，应对PC构件生产方案、运输方案、堆放方案、外防护方案进行详细叙述。

(9) 相关保证措施：包括质量保证措施、安全生产保证措施、文明施工环境保护措施、应急响应措施、季节施工措施、成本控制措施等。

二、施工组织安排

1. 总体安排

根据工程总承包合同、施工图纸及现场情况，将工程划分为：基础及地下室结构施工阶段、地上结构施工阶段、装饰装修施工阶段、室外工程施工阶段、系统调试及竣工验收阶段。以装配式高层住宅建筑为例，工程施工阶段总体安排是，塔楼区（含地下室）组织顺序向上流水施工，地下室分三段组织流水施工。工序安排上以桩基础施工→地下室结构施工→塔楼结构施工→外墙涂料施工→精装修工程施工→系统联合调试→竣工验收为主线，按照节点工期确定关键线路，统筹考虑自行施工与业主另行发包的专业工程的统一、协调，合理安排工序搭接及技术间歇，确保完成各节点工期。

2. 分阶段安排

（1）基础及地下室施工阶段：根据工程特点、后浇带位置以及施工组织需要进行施工区段划分，地下室结构施工阶段划分为 N 个区域进行施工，N 个区域组织独立资源平行施工。

（2）主体结构施工阶段：根据地上塔楼及工业化施工特点进行区段划分，地上结构施工分为塔楼转换层以下结构施工阶段和转换层以上结构施工阶段。各塔楼再根据工程量、施工缝、作业队伍等划分施工流水段。

（3）竣工验收阶段：竣工验收阶段的工作任务主要包含系统联动调试、竣工验收及资料移交。

三、施工平面布置

施工场地布置，首先应进行起重机械选型，根据起重机械类型进行施工场地布局和场内道路规划，再根据起重机械以及道路的相对关系确定构件堆场位置。装配式建筑与传统建筑施工场区布置相比，影响塔式起重机选型的因素有了一定变化，主要因素是增加了构件吊装工序，影响起重机对施工流水段及施工流向的划分。

由于预制构件运输的特殊性，需对运输道路坡度及转弯半径进行控制，并依照塔式起重机覆盖情况，综合考虑构件堆场布置。预制构件堆场的布置原则是：预制构件存放受力状态与安装受力状态一致。

1. 影响施工场地的因素

施工场地平面布置的重点既要考虑满足现场施工需要的材料堆场，又要为预制构件吊装作业预留场地，因此不宜在规划的预制构件吊装作业场地设置临时水电管线、钢筋加工场等临时设施。吊装构件堆放场地要以满足 1 天施工需要为宜，同时为以后的装修作业和设备安装预留场地，因此需合理布置塔吊和施工电梯位置，满足预制构件吊装和其他材料运输。

在装修施工和设备安装阶段将有大量的分包单位进场施工，此阶段的设备和材料堆场布置，应按照施工进度计划要求，满足后续材料、设备的堆放。

根据最重预制构件重量及其位置进行塔式起重机选型，使得塔式起重机能够满足最重构件起吊要求；根据其余各构件重量、模板重量、混凝土吊斗重量及其与塔式起重机相对关系对已经选定的塔式起重机进行校验；根据预制构件重量与其安装部位相对关系进行道路布置与堆场布置。

2. 预制构件吊装平面布置要求

（1）施工道路宽度需满足构件运输车辆的双向开行及卸货吊车的支设空间；道路平整度和路面强度需满足吊车吊运大型构件时的承载力要求。

（2）对于 21m 货车，路宽宜为 6m，转弯半径宜为 20m，可采用装配式预制混凝土铺装路面或者钢板铺装路面。

（3）构件存放场地的布置宜避开地下车库区域，以免对车库顶板施加过大临时荷载，当采用地下室顶板作为堆放场地时，应对承载力进行计算，必要时应进行加固处理。

（4）墙板、楼面板等重型构件宜靠近塔式起重机中心存放，阳台板、女儿墙等较轻构件可存放在起吊范围内的较远处。

（5）各类构件宜靠近且平行于临时道路排列，便于构件运输车辆卸货到位和施工中按顺序补货，避免二次倒运。

（6）不同构件堆放区域之间宜设宽度为 0.8～1.2m 的通道。将预制构件存放位置按构件吊装位置进行划分，并用黄色油漆涂刷分隔线，并在各区域标注构件类型，存放构件时一一对应，提高吊装的准确性，便于堆放和吊装。

（7）构件存放宜按照吊装顺序及流水段配套堆放。

课后练习

一、单项选择题

1. 当建筑层数较多，高度较大，综合考虑其他施工作业的垂直运输问题，一般选用（　　）起重机。
   A. 塔式起重机　　　　　　　　B. 履带式起重机
   C. 汽车式起重机　　　　　　　D. 桅杆式起重机

2. 吊索和吊装构件吊装夹角一般控制在不小于（　　）。
   A. 30°　　　　B. 45°　　　　C. 60°　　　　D. 75°

二、多项选择题

1. 塔式起重机选择应考虑以下（　　）方面因素。
   A. 平面图布置图　　　　　　　B. 吊装能力
   C. 起吊高度　　　　　　　　　D. 起吊半径

2. 预制构件在施工安装的过程中常用的专用安装工器具有（　　）。
   A. 鸭嘴吊具　　　　　　　　　B. 插筋定位模具
   C. 支撑、靠尺　　　　　　　　D. 起吊架

3. 装配化施工前的准备工作包括（　　）三个内容。
   A. 施工组织设计　　　　　　　B. 施工组织安排
   C. 施工平面布置　　　　　　　D. 施工配合准备

4. 装配式结构工程专项施工方案包括（　　）
   A. 模板与支撑专项方案
   B. 钢筋专项方案
   C. 混凝土专项方案
   D. 预制构件安装专项方案

三、判断题

1. 吊索一般采用钢丝绳吊索，也可采用白棕色棕绳。（　　）

2. 手拉葫芦用来完成构件卸车时翻转和构件吊装时的水平调整，一般应该大于或等于吊索的质量。（　　）

3. 在吊装预制墙板时，为防止单点起吊引起构件变形，通常采用起吊扁担起吊。（　　）

4. 插筋定位模具，是为确保上一层预制墙体内的套筒与下一层的预留插筋能够顺利

对孔。（ ）

  5. 不同构件堆放区域之间宜设宽度为 0.8～1.2m 的通道。（ ）

  6. 进行工程特点分析时，主要从本工程特点入手，层层剥离出施工重点，并提出解决措施，要着重分析预制深化设计、加工制作运输、现场吊装、测量、连接等施工技术。（ ）

  7. PC 构件堆场设置需满足预制构件堆载重量、堆放数量，结合方便施工、垂直运输设备吊运半径及吊重等条件进行设置。（ ）

  8. 预制构件堆场的布置原则是：预制构件存放受力状态与安装受力状态一致。（ ）

四、简答题

  1. 施工组织应遵循的编制原则及依据是什么？
  2. 装式建筑施工组织设计主要包括哪些内容？

教学单元 2　预制构件的存放、运输及吊装

任务 1　预制构件的存放和运输

一、预制构件的存放

预制构件运至施工现场后,由塔吊或汽车吊有序吊至专用堆放场地,堆放时应按吊装顺序交错有序堆放,板与板留出一定间隔。预制构件堆放时必须在构件上加设枕木,场地上的构件应作防倾覆措施,预制构件的码放应预埋吊件向上,标志向外;垫木或垫块在构件下的位置宜与脱模、吊装时的起吊位置一致。

墙板等竖向构件采用竖放,用槽钢制作满足刚度要求的支架,墙板搁支点应设在墙板底部两端处,堆放场地需平整、结实。搁支点可采用柔性材料,堆放好以后要临时固定,场地要做好临时围挡措施。

水平构件采用重叠堆放时,每层构件间的垫木或垫块应在同一垂直线上。堆垛层数应根据构件自身荷载、地坪、垫木或垫块的承载能力及堆垛的稳定性确定。预制构件的现场堆放如图 3-9 所示。

图 3-9　预制构件的现场堆放

二、预制构件的运输

装配式混凝土预制构件的运输方案分为立式运输方案和平层叠放式运输方案，如图 3-10 所示。

图 3-10 装配式混凝土预制构件的运输方案

1. 构件运输准备工作

构件运输的准备工作主要包括：制订运输方案、设计并制作运输架、验算构件强度、清查构件及察看运输路线。

（1）制订运输方案：根据运输构件实际情况、装卸车现场及运输道路的情况、施工单位或当地的起重机械和运输车辆的供应条件以及经济效益等因素，选定运输方法、选择起重机械（装卸构件用）、运输车辆和运输路线。运输线路的制订应按照客户指定的地点及货物的规格和重量制订特定的路线，确保运输条件与实际情况相符。

（2）设计并制作运输架：根据构件的重量和外形尺寸进行设计制作，且尽量考虑运输架的通用性。

（3）验算构件承载力：对钢筋混凝土屋架和钢筋混凝土柱子等构件，根据运输方案所确定的条件，验算构件在最不利截面处的抗裂度，避免在运输中出现裂缝。如有出现裂缝的可能，应进行加固处理。

（4）清查构件：清查构件的型号、质量和数量，有无加盖合格印章和出厂合格证书等。

（5）察看运输路线：在运输前应再次对路线进行勘察，对于沿途可能经过的桥梁、桥洞、电缆、车道的承载能力，通行高度、宽度、弯度和坡度，沿途上空有无障碍物等实地考察并记载，制订出最佳顺畅的路线。这需要实地现场的考察，如果凭经验和询问很有可能发生意料之外的事情，有时甚至需要交通部门的配合，因此这点不容忽视。在制订方案时，每处需要注意的地方需要注明。如不能满足车辆顺利通行，应及时采取措施。此外，应注意沿途是否横穿铁道，如有应查清火车通过道口的时间，以免发生交通事故。

2. 运输方式

（1）立式运输

采用立式运输方案时，装车前先安装吊装架，将预制构件放置在吊装架上；然后将预制构件和吊装架采用软隔离固定在一起，保证预制构件在运输过程中不出现损坏。对于内、外墙板和预制外墙模（PCF）板等竖向构件，多采用立式运输方案。

（2）平式运输

采用平层叠放式运输方案时，将预制构件平放在运输车上，逐件往上叠放在一起进行运输。放置时构件底部设置通长木条，并用紧绳与运输车固定。叠合板、阳台板、楼梯、装饰板等水平构件多采用平层叠放式运输方案。叠合楼板堆码标准 6 层/叠，不影响质量安全可到 8 层/叠，堆码时按产品的尺寸大小堆叠；预应力板堆码 8~10 层/叠；叠合梁堆码 2~3 层/叠（最上层的高度不能超过挡边一层），考虑是否有加强筋向梁下端弯曲。

3. 运输时应注意的问题

预制构件的出厂运输应在混凝土强度达到设计强度的 100% 后进行，并制订运输计划及方案，超高、超宽、特殊形状的大型构件的运输和码放应采取专门质量安全保证措施。预制构件的运输车辆宜选用低平板车，且应有可靠的稳定构件措施。为满足构件尺寸和载重的要求，装车运输时应符合下列规定：

（1）装卸构件时应考虑车体平衡。

（2）运输时应采取绑扎固定措施，防止构件移动或倾倒。

（3）运输竖向薄壁构件时应根据需要设置临时支架。

（4）对构件边角部或与紧固装置接触处的混凝土，宜采用垫衬加以保护。

4. 合理运距及运输半径的测算

（1）合理运距测算

合理运距的测算主要是以运输费用占构件销售单价比例为计算参数。通过运输成本和预制构件合理销售价格分析，可以较准确地测算出运输成本占比与运输距离的关系，根据国内平均或者世界上发达国家占比情况反推合理运距。如表 3-1 所示。

预制构件合理运输距离分析表　　　　　　表 3-1

项目	近距离	中距离	远距离	较远距离	超远距离
运输距离/km	30	60	90	120	150
运费/元/车	1100	1500	1900	2300	2650
运费/元/(车·km)	36.7	25.0	21.1	19.2	17.7
平均运量/m³/车	9.5	9.5	9.5	9.5	9.5
平均运费/元/m³	116	158	200	242	252
水平预制构件市场价格/元/m³	3000	3000	3000	3000	3000
水平运费占构件销售价格比例/%	3.87	5.27	6.67	8.07	8.40

在预制构件合理运输距离分析表中，预制构件每立方米综合单价平均按 3000 元计算（水平构件较为便宜，为 2400~2700 元；外墙、阳台板等复杂构件为 3000~3400 元）。以运费占销售额 8% 估计的合理运输距离约为 120km。

(2) 合理运输半径测算

从预制构件生产企业布局的角度，合理运输距离由于还与运输路线相关，而运输路线往往不是直线，运输距离还不能直观地反映布局情况，故提出了合理运输半径的概念。

从预制构件厂到预制构件使用工地的距离并不是直线距离，况且运输构件的车辆为大型运输车辆，因交通限行、超宽超高等原因经常需要绕行，所以实际运输线路更长。

根据预制构件运输经验，实际运输距离平均值比直线距离长20%左右，将构件合理运输半径确定为合理运输距离的80%较为合理。因此，以运费占销售额8%估算合理运输半径约为100km。合理运输半径为100km意味着，以项目建设地点为中心，以100km为半径的区域内的生产企业，其运输距离基本可以控制在120km以内，从经济性和节能环保的角度，处于合理范围。

总的来说，国内的预制构件运输与物流的实际情况还有很多需要提升的地方。目前，虽然有个别企业在积极研发预制构件的运输设备，但总体来看还处于发展初期，标准化程度低，存储和运输方式是较为落后。同时，受道路、运输政策及市场环境的限制和影响，运输效率不高，构件专用运输车还比较缺乏且价格较高。

任务 2　预制构件的吊装

一、预制柱的吊装

吊装流程：基层清理→测量放线→构件对位安装→安装临时斜支撑→预制柱校正。

技术控制要点：

1. 基层清理：安装预制柱的结合面需清理干净，去掉浮尘和碎渣清水冲洗后，保持基面应干燥。

2. 测量放线：根据构件定位图，放出楼层控制线，经复查无误后，再根据控制线在楼面上用墨斗弹出预制柱的定位线，并在柱下放置调节垫片精确调整构件标高、垂直度。

3. 构件对位安装：柱起吊就位时，应缓慢进行，当柱一端提升500mm时，暂停提升，经检查柱身、绑点、吊钩、吊索等处安全可靠后，再继续提升。柱脚离楼面柱头钢筋上方300～500mm后，工人辅助将柱脚缓缓就位，并使柱身定位线与楼面定位线对齐。

4. 安装临时斜支撑：柱吊装到位后及时将斜支撑固定在柱及楼板预埋件上，最少需要在柱子的两面设置斜支撑，然后对柱子的垂直度进行复核，同时通过可调节长度的斜支撑进行垂直度调整，直至垂直度满足要求。

5. 预制柱校正：调整短支撑调节柱位置，调整长支撑调整柱的垂直度，用撬棍拨动预制柱，用铅锤、靠尺校正柱体的位置和垂直度，并可用经纬仪进行检查，如图3-11所示。经检查预制柱水平定位、标高及垂直度调整准确无误并紧固斜向支撑后方可摘钩。

5.
装配式结构
——柱的安装

图 3-11 预制柱校正

二、预制梁的吊装

吊装流程：测量放线（梁搁柱头边线）→设置梁底支撑→起吊就位安放→微调定位。

技术控制要点：

1. 测量放线：用水平仪测量并修正柱顶与梁底标高，确保标高一致，在柱上弹出梁边控制线；在柱身弹出结构 1m 线，据此调节预埋牛腿板高度。

2. 设置梁底支撑：预制梁吊装前，在梁位置下方需先架设好支撑架。梁底支撑采用立杆支撑＋可调顶托＋100mm×100mm 木方，预制叠合梁的标高通过支撑体系的顶丝来调节。

3. 起吊就位安放：梁起吊时，用吊索勾住扁担梁的吊环，吊索应有足够的长度以保证吊索和扁担梁之间的角度不小于 60°，如图 3-12 所示。需要注意主梁吊装顺序，同一个支座的梁，梁底标高低的先吊，次梁吊装须待两向主梁吊装完成后才能吊装。待预制楼板吊装完成后，叠合次梁与预制主梁之间的凹槽采用灌浆料填实。

4. 微调定位：当预制梁初步就位后，两侧借助柱上的梁定位线将梁精确校正。梁的标高通过支撑体系的顶丝来调节，在调平的同时需将下部可调支撑上紧，这时方可松去吊钩。

三、预制剪力墙板的吊装

吊装流程：测量放线→起吊就位安放→安装临时斜撑→墙板校核。

技术控制要点：

1. 测量放线：根据楼层主控制线，在顶板上施放竖向构件墙身 50 线或 30 线、构件边缘及墙端实线、构件门窗洞口线，并对楼层高程进行复核，在墙底安放高程调节垫片。此时，可采用钢筋定位钢板对套筒钢筋进行相对位置和绝对位置的校核及验收。

装配式结构
——板的安装

图 3-12 预制梁的吊装

2. 起吊就位安放：预制构件按施工方案吊装顺序预先编号，严格按编号顺序起吊。吊装前安排操作熟练的吊装工人负责墙体的挂钩起吊。挂完钩后，指挥吊车将预制墙体垂直吊离货架 500mm 高，确保起吊过程中的墙体足够水平方可进行吊装，如图 3-13 所示。竖向构件吊装至操作面上空 4m 左右位置时，利用缆风绳初步控制构件走向至操作工人可触摸到的构件高度。待预制墙体距离楼层面 1m 左右时，吊装人员可手扶引导墙体落位，利用反光镜观察钢筋与套筒位置后缓慢下落，直至构件完全落下，同时解除缆风绳，通过手扶或撬棍对预制墙体进行微调。

图 3-13 预制剪力墙板的吊装

3. 安装临时斜撑：墙体下落至稳定后，便可进行固定斜撑的安装。每块墙板的临时斜撑数量不宜少于 2 道。墙板的上部斜支撑，其支撑点到底部的距离不宜小于高度的 2/3，且不应小于高度的 1/2。

4. 墙板校核：构件安装就位后，可通过临时斜撑对构件的位置和垂直度进行调整，并通过靠尺或线锤等予以检验复核，确保墙板垂直度能够满足相关规范的要求。另外，通过水平标高控制线或水平仪对墙板水平标高予以校正，通过测量时放出的墙板位置线、控制轴线校正墙板位置，并利用小型千斤顶对偏差予以微调。

四、预制叠合楼板的吊装

吊装流程：测量放线→设置板底支撑→起吊就位安放→微调定位。

技术控制要点：

1. 测量放线：在每条吊装完成的梁或墙口上测量并弹出相应预制板四周控制线，并在构件上标明每个构件所属的吊装顺序和编号，便于工人辨认。

2. 设置板底支撑：预制板吊装前，在板位置下方需先架设好支撑架，架设后调节木方顶面至板底设计标高。第一道支撑需在楼板边附近 0.2～0.5m 范围内设置。叠合楼板支撑体系安装应垂直，三角支架应卡牢。支撑最大间距不得超过 1.8m，当跨度大于 4m 时应在房间中间位置适当起拱。

3. 起吊就位安放：预制叠合板起吊点位置应合理布置，起吊就位垂直平稳，每块楼板需设 4 个起吊点，吊点位置一般位于叠合楼板中格构梁上弦与腹筋交接处或叠合板本身设计有吊环处，具体的吊点位置需设计人员确定，如图 3-14 所示。吊装应按顺序进行，待叠合楼板下落至操作工人可用手接触的高度时，再按照叠合楼板安装位置线进行安装，根据叠合楼板安装位置线校核叠合楼板的板带间距。当一跨板吊装结束后，要根据标高控制线利用独立支撑对板标高及位置进行精确调整。

图 3-14　预制叠合楼板的吊装

4. 微调定位：叠合楼板安装完成后，根据叠合楼板的安装位置线校核叠合楼板的板带间距。利用独立支撑对叠合楼板的板底标高进行调整。

五、预制楼梯的吊装

吊装流程：测量放线→起吊就位安放→微调定位→与现浇部位连接。

技术控制要点：

1. 测量放线：楼梯周边梁板浇筑完成后，测量并弹出相应楼梯构件端部和侧边的控制线。

2. 起吊就位安放：楼梯起吊前应进行试吊，检查吊点位置是否准确，吊索受力是否均匀等，试吊高度不应超过1m。预制楼梯的吊装如图3-15所示。楼梯吊至梁上方300～500mm后，调整楼梯位置使板边线基本与控制线吻合。

图3-15 预制楼梯的吊装

3. 微调就位：根据已放出的楼梯控制线，用撬棍或其他工具将构件根据控制线精确就位，先保证楼梯两侧准确就位，再使用水平尺和判链调节水平。

4. 与现浇部位连接：楼梯吊装完毕后应当立即组织验收，对楼梯外观质量、标高、定位进行检查；验收合格后应及时进行灌浆及嵌缝。通常梯段与结构梁间的缝隙需要进行嵌缝处理时采用挤塑聚苯板填充。梯段上端属于固定铰支，采用C40细石混凝土作为灌浆料，用M10水泥砂浆封堵收平；梯段下端属于滑动铰支，需将预埋螺栓的螺母固定好，上面再用M10水泥砂浆封堵收平。灌浆前需要对基层进行清扫，基层表面不得有杂物，灌浆宜采用分层浇筑的方式，每层厚度不宜大于100mm，灌浆过程中需要观察有无浆料渗漏现象，出现渗漏应及时封堵。灌浆完成30min内需要进行保湿或覆膜养护。

六、预制阳台板、空调板的吊装

吊装流程：测量放线→设置板底支撑→起吊就位安放→复核。

技术控制要点：

1. 测量放线：安装预制阳台板和空调板前测量并弹出相应周边（板、梁、柱）的控制线。

2. 设置板底支撑：预制阳台板、空调板板底支撑采用钢管脚手架＋可调顶托＋木托，吊装前校对支撑高度是否有偏差，并作出相应调整。预制阳台板、空调板等悬挑构件支撑拆除时，除达到混凝土结构设计强度外，还应确保该构件能承受上层阳台通过支撑传递下来的荷载。

3. 起吊就位安放：预制阳台板、空调板吊装采用四点吊装。在预制阳台板、空调板吊装的过程中，预制构件吊至支撑位置上方100mm处停顿，调整位置，使锚固钢筋与已完成结构预留筋错开，然后进行安装就位，安装时动作要慢，构件边线与控制线闭合。预制阳台板、空调板预留的锚固钢筋应伸入现浇结构内，与现浇结构连成整体。

4. 复核：预制阳台板、空调板属于悬挑板，其校核方法大致与叠合楼板相同，主要控制其标高和两个水平方向的位置即可满足安装要求。

8.

装配式结构——外挂墙板的安装

课后练习

一、单项选择题

1. 预制构件码放储存通常可采用平面堆放和（　　）两种方式。

　　A. 立式堆放　　　　　　　B. 叠加堆放

　　C. 竖向固定　　　　　　　D. 竖直堆放

2. 预制构件的出厂运输应在混凝土强度达到设计强度的（　　）后进行，并制订运输计划及方案。

　　A. 50%　　　B. 60%　　　C. 75%　　　D. 100%

3. 叠合楼板堆码标准（　　）层/叠，不影响质量安全可到（　　）层/叠，堆码时按产品的尺寸大小堆叠。

　　A. 4、6　　　B. 5、6　　　C. 6、7　　　D. 6、8

4. 梁起吊时，用吊索勾住扁担梁的吊环，吊索应有足够的长度以保证吊索和扁担梁之间的角度不小于（　　）。

　　A. 45°　　　B. 60°　　　C. 70°　　　D. 80°

二、多项选择题

1. PC构件不宜采用竖直立放运输的为（　　）。

　　A. 叠合板　　　　　　　　B. 楼梯

　　C. 梁　　　　　　　　　　D. 内、外墙板

2. 构件运输的准备工作主要包括（　　）。

　　A. 制订运输方案　　　　　B. 设计并制作运输架

　　C. 验算构件强度　　　　　D. 清查构件及察看运输路线

三、判断题

1. 预制构件的码放应预埋吊件向上，标志向外。（   ）
2. 水平构件采用重叠堆放时，每层构件间的垫木或垫块应在同一垂直线上。（   ）
3. 装配式混凝土预制构件的运输方案分为立式运输方案和平层叠放式运输方案。（   ）
4. 对于内、外墙板和预制外墙模（PCF）板等竖向构件，多采用立式运输方案。（   ）
5. 每块墙板的临时斜撑数量不宜少于 3 道。（   ）
6. 每块楼板需设 4 个起吊点，具体的吊点位置需设计人员确定。（   ）

四、简答题

1. 简述预制构件存放要求。
2. 简述预制构件的运输方式。
3. 简述预制柱子的吊装流程。
4. 简述预制梁的吊装流程。
5. 简述叠合楼板吊装流程及技术控制要点。

教学单元 3　装配式混凝土结构灌浆与现浇

装配式建筑预制构件从工厂运送到工地时都是分离的构件,需要在工地现场将这些构件有效地连接起来,从而保证建筑的完整性和抗震要求。装配式混凝土结构主要有套筒灌浆连接和浆锚搭接连接、后浇混凝土连接、叠合连接 3 种连接方式。

任务 1　套筒灌浆连接和浆锚搭接连接

预制构件钢筋连接是装配式混凝土结构安全的关键之一,可靠的连接方法才能使预制构件连接成为整体,满足结构安全的要求。为了减少现场混凝土湿作业量,预制构件的连接节点采用预埋在构件内的形式居多。在多层结构装配式混凝土建筑中,预制构件可以采用的钢筋连接方法较多,如约束钢筋浆锚搭接法、波纹管浆锚搭接法、套筒灌浆连接法、预埋钢件干式连接法。大型、高层混凝土结构以及有抗震设防要求的高层建筑采用干式连接无法得到足够牢固的刚性结构,而预埋在构件体内的节点又无法直接连接,因此采用灌浆连接,包括套筒灌浆连接和浆锚搭接连接等方法。灌浆连接是装配式混凝土该类型结构中受力钢筋的主要连接方法。

一、套筒灌浆连接

1. 工艺简介

套筒灌浆连接又称为钢筋套筒灌浆连接,是指在预制混凝土构件中预埋的金属套筒中插入钢筋并灌注水泥基灌浆料的钢筋连接方式,适用于剪力墙、框架柱、框架梁纵筋的连接,是装配整体结构的关键技术,该工艺通过水泥基灌浆料的传力作用将钢筋对接连接所用的金属套筒。

套筒通常采用铸造工艺或机械加工艺制造,简称灌浆套筒,包括全灌浆套筒和半灌浆套筒两种形式,如图 3-16 所示。前者两端钢筋均采用灌浆方式连接;后者一端钢筋采用灌浆方式连接,另一端钢筋采用非灌浆方式连接(通常采用螺纹连接)。灌浆料是按规定比例加水搅拌后,具有规定流动性、早强、高强及硬化后微膨胀等性能的浆体。

2. 构件要求

灌浆套筒的安装应符合下列规定:

(1) 安装连接钢筋与全灌浆套筒时,连接钢筋应逐根插入灌浆套筒内,插入深度应满足设计锚固深度要求。

(2) 安装钢筋时,应将其固定在模具上,灌浆套筒与柱底、墙底模板应垂直,应采用橡胶环、螺杆等固定件,以避免混凝土浇筑、振捣时灌浆套筒和连接钢筋移位。

(3) 与灌浆套筒连接的灌浆管、出浆管应定位准确、安装稳固。

(4) 应采取防止混凝土浇筑时向灌浆套筒内漏浆的封堵措施。

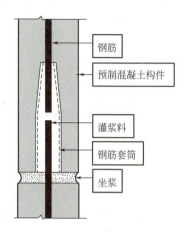

图 3-16　灌浆套筒

（5）对于半灌浆套筒连接，机械连接端的钢筋丝头加工、连接安装质量均应符合相关要求。

钢筋套筒灌浆连接接头的抗拉强度应不小于连接钢筋抗拉强度标准值，且破坏时应断于接头外钢筋。当装配式混凝土结构采用符合本规程规定的套筒灌浆连接接头时，全部构件纵向受力钢筋可在同一截面上连接。

采用套筒灌浆连接的混凝土构件，接头连接钢筋的直径规格应不大于灌浆套筒规定的连接钢筋直径规格，且不宜小于灌浆套筒规定的连接钢筋直径规格一级以上。

钢筋套筒灌浆连接施工工艺流程包括塞缝、封堵下排灌浆孔、拌制灌浆料、浆料检测、注浆、封堵上排出浆孔、试块留置。

1. 塞缝：预制墙板校正完成后，使用坐浆料将墙板其他三面（外侧已贴橡塑棉条）与楼面间的缝隙填嵌密实。

2. 封堵下排灌浆孔：除插灌浆嘴的灌浆孔外，其他灌浆孔使用橡皮塞封堵密实。

3. 拌制灌浆料：按照水灰比要求，加入适量的灌浆料、水，使用搅拌器搅拌均匀。搅拌完成后应静置 3~5min，待气泡排出后方可进行施工。

4. 浆料检测：检测拌和后的浆液流动度，左手按住流动性测量模，用水勺舀 0.5L 调配好的灌浆料倒入测量模中，倒满模子为止，缓慢提起模子，约 0.5min 后，若测量出灌浆平摊后最大直径为 280~320mm，则流动性合格。每个工作班组进行一次测试。

5. 注浆：将拌和好后的浆液倒入灌浆泵，启动灌浆泵，待灌浆泵嘴流出浆液成线状时，将灌浆嘴插入预制墙板灌浆孔内，开始注浆。

6. 封堵上排出浆孔：间隔一段时间后，上排出浆孔会逐个漏出浆液，待浆液成线状流出时，通知监理人员进行检查，合格后使用橡皮塞封堵出浆孔。出浆孔封堵后要求与原墙面平整，并应及时清理墙面上的余浆。

7. 试块留置：每个施工段留置一组灌浆料试块（将调配好的灌浆料倒入三联试模中，用于制作试块，并与灌浆相同条件养护）。相关灌浆施工机具如图 3-17 所示。

图 3-17 灌浆施工机具

二、浆锚搭接连接

钢筋浆锚搭接连接是指在预制混凝土构件中采用特殊工艺制成的孔道中插入需搭接的钢筋，并灌注水泥基灌浆料而实现的钢筋搭接连接方式。浆锚搭接连接是一种将需搭接的钢筋拉开一定距离的搭接方式，也被称为间接搭接或间接锚固。

目前主要采用的是在预制构件中有螺旋箍筋约束的孔道中搭接的技术，称为钢筋约束浆锚搭接连接。另外，当前比较成熟的工艺还有金属波纹管浆锚搭接连接技术。两种连接技术如图 3-18 所示。

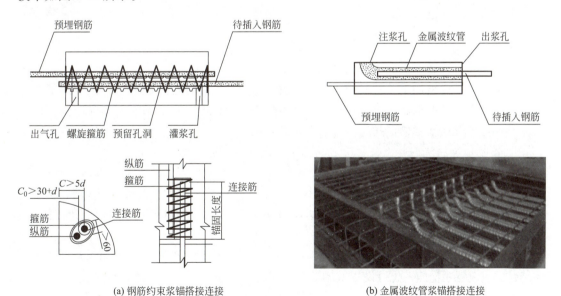

(a) 钢筋约束浆锚搭接连接　　(b) 金属波纹管浆锚搭接连接

图 3-18　浆锚搭接连接示意图

钢筋套筒灌浆连接及浆锚搭接连接接头的预留钢筋应采用专用模具进行定位，并应符合下列规定：

1. 定位钢筋中心位置存在细微偏差时，宜采用钢套管方式进行微调。
2. 定位钢筋中心位置存在严重偏差影响预制构件安装时，应按设计单位确认的技术方案处理。
3. 应采用可靠的固定措施控制连接钢筋的外露长度，以满足设计要求。

任务2　后浇混凝土连接

后浇混凝土连接是装配式混凝土结构中非常重要的连接方式，基本上所有的装配式混凝土结构建筑都会有后浇混凝土。在预制构件结合处留出后浇区，构件吊装安放完毕后现场浇筑混凝土进行连接，如图3-19所示。

图3-19　边缘附件需后浇混凝土示意图

后浇混凝土钢筋连接是后浇混凝土连接节点中最重要的环节。后浇混凝土钢筋连接方式可采用现浇结构钢筋的连接方式，主要包括机械螺纹套筒连接、钢筋搭接、钢筋焊接等。为了提高混凝土抗剪能力，预制混凝土构件与后浇混凝土、灌浆料、坐浆材料的结合面应设置为粗糙面或键槽，并应符合下列规定：

1. 预制板与后浇混凝土叠合层之间的结合面应设置粗糙面。
2. 预制梁端面应设置键槽且宜设置粗糙面。键槽的尺寸和数量应按规定计算确定；键槽的深度不宜小于30mm，宽度不宜小于深度的3倍且不宜大于深度的10倍；键槽可贯通截面，当不贯通时槽口距离截面边缘不宜小于50mm；键槽间距宜等于键槽宽度；键槽端部斜面倾角不宜大于30°。
3. 预制剪力墙的顶部和底部与后浇混凝土的结合面应设置粗糙面；侧面与后浇混凝土的结合面应设置粗糙面，也可设置键槽；键槽深度不宜小于20mm，宽度不宜小于深度的3倍且不宜大于深度的10倍，键槽间距宜等于键槽宽度，键槽端部斜面倾角不宜大于30°。
4. 预制柱的底部应设置键槽且宜设置粗糙面，键槽应均匀布置，键槽深度不宜小于30mm，键槽端部斜面倾角不宜大于30°，柱顶应设置粗糙面。
5. 粗糙面的面积不宜小于结合面的80%，预制板的粗糙面凹凸深度不应小于4mm，预制梁端、预制柱端、预制墙端的粗糙面凹凸深度不应小于 6mm。常见粗糙面处理方法包括留槽、露骨料、拉毛、凿毛。具体成型效果如图 3-20 所示。

(a) 留槽

(b) 露骨料

(c) 拉毛

(d) 凿毛

图 3-20　粗糙面处理方法

任务 3　叠合连接

叠合连接是预制板（梁）与现浇混凝土叠合的连接方式。叠合构件包括楼板、梁和悬挑板等。叠合构件下层为预制构件，上层为现浇层，如图 3-21 所示。

一、叠合板设计要求

1. 叠合板的预制板厚度不宜小于 60mm，后浇混凝土叠合层厚度不应小于 60mm。

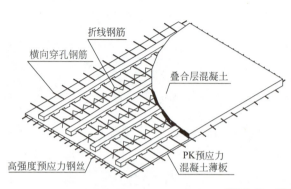 

图 3-21 叠合板

2. 跨度大于 3m 的叠合板，宜采用桁架钢筋混凝土叠合板。

3. 跨度大于 6m 的叠合板，宜采用预应力混凝土预制板。叠合板后浇层最小厚度的规定考虑了楼板整体性要求以及管线预埋、面筋铺设、施工误差等因素。

4. 预制板最小厚度的规定考虑了脱模、吊装、运输、施工等因素。设置桁架钢筋或板肋等，增加了预制板刚度时，可以考虑将其厚度适当减小。

5. 当板跨度较大时，为了增加预制板的整体刚度和水平界面抗剪性能，可在预制板内设置桁架钢筋。钢筋桁架的下弦钢筋可视情况作为楼板下部的受力钢筋使用。

二、叠合板安装

叠合板安装流程包括安装准备、测量放线、支撑体系支设、叠合板板缝模板支设、板边角模支设、叠合板吊装就位、机电管线铺设、叠合板上部钢筋绑扎、混凝土浇筑、质量标准。

1. 安装准备

(1) 根据施工图纸，检查叠合板构件类型，确定安装位置，并对叠合板吊装顺序进行编号。

(2) 施工现场将对吊装叠合板外伸钢筋有影响的暗柱箍筋、水平梯子筋、水平定位筋及梁上铁全部取出，待叠合板吊装就位后再恢复原状。

2. 测量放线

(1) 按照叠合板独立支撑体系布置图在楼板上放出独立支撑点位图。

(2) 按照装配式结构深化图纸在墙体上弹出叠合板边线和中心线，并在剪力墙面上弹出 1m 水平线，墙顶弹出板安放位置线，并做出明显标志，以控制叠合板安装标高和平面位置，同时对控制线进行复核。

3. 支撑体系支设

(1) 叠合板下支撑系统由铝合金工字梁、托座、装配式住宅独立钢支柱和稳定三脚架组成。

(2) 独立钢支撑、工字梁、托架分别按照平面布置方案放置，调到设计标高后拉小白线并用水平尺配合调平，放置主龙骨。工字梁采用可调节木梁 U 形托座进行安装就位。

(3) 根据叠合楼板规格，板下设置相应个数的支承点，间距以支撑体系布置图为准。安装楼板前调整支撑标高至设计标高。

4. 叠合板板缝模板支设

(1) 叠合板之间设有后浇带形式的接缝，宽度一般为 300mm；板缝模板采用木胶合板，模板长度不大于 1.5m，保证工人搬运、安装方便。

(2) 为防止板缝露浆，在模板表面板缝范围内设 3mm 厚三合板衬板。

(3) 模板支撑体系采用单排碗扣架，用钢管连接成整体。

5. 板边角模支设

角模采用 12mm 木胶合板，背楞采用 50mm×100mm 方木，用 14 号通丝螺杆对拉固定。

6. 叠合板吊装就位

(1) 叠合板起吊时，要减小在非预应力方向因自重产生的弯矩，吊装时为便于板就位，采用 3m 麻绳作牵引绳。

(2) 吊装时吊点位置以深化设计图或进场预制构件标记的吊点位置为准，不得随意改变吊点位置；吊点数量：长、宽均小于 4m 的预制叠合板为 4 个吊点，吊点位于叠合板 4 个角部；尺寸大于 4m 的叠合板为 6～8 个吊点，吊点对称分布，确保构件吊装时受力均匀、吊装平稳。

(3) 起吊时要先试吊，先吊起距地 50cm 停止，检查钢丝绳、吊钩的受力情况，使叠合板保持水平，然后吊至作业层上空。起吊时吊索水平夹角不小于 60°，叠合板构件钢丝绳长度不小于 3m。

(4) 就位时叠合板要从上垂直向下安装，在作业层上空 30cm 处稍作停顿，施工人员手扶楼板调整方向，将板的边线与墙上的安放位置线对准，注意避免叠合板上的预留钢筋与墙体钢筋碰撞，放下时要稳停慢放，严禁快速猛放，以避免冲击力过大造成板面震折裂缝。5 级风以上时应停止吊装。

(5) 调整板位置时，要垫小木块，不要直接使用撬棍，以避免损坏板边角；要保证搁置长度，其允许偏差不大于 5mm。撬棍端部用棉布包裹，以免对叠合板造成损坏。

(6) 叠合板安装完后进行标高校核，调节板下的可调支撑。

7. 机电管线铺设

叠合板部位的机电线盒和管线根据深化设计图要求，布设机电管线。水电预埋工与钢筋工属于两个班组，一般与板上钢筋绑扎同步进行。

8. 叠合板上部钢筋绑扎

待机电管线铺设完毕清理干净后，根据叠合板上方钢筋间距控制线进行钢筋绑扎，保证钢筋搭接和间距符合设计要求。同时利用叠合板桁架钢筋作为上铁钢筋的马凳，确保上铁钢筋的保护层厚度。

9. 混凝土浇筑

(1) 对叠合板面进行认真清扫，并在混凝土浇筑前进行湿润处理。

(2) 叠合板混凝土浇筑时，为了保证叠合板及支撑受力均匀，混凝土浇筑采取从中间向两边浇筑，连续施工，一次完成；同时使用振动棒振捣，确保混凝土振捣密实。

(3) 根据楼板标高控制线，控制板厚；浇筑时采用 2m 刮杠将混凝土刮平，随即进行混凝土收面及收面后拉毛处理。

（4）混凝土浇筑完毕后立即进行预制装配式养护，养护时间不得少于 7d。

10. 质量标准

（1）叠合板安装完毕后，构件安装尺寸允许偏差应符合规范要求。

（2）检查数量：按楼层、施工段划分检验批；在同一检验批内，应全数检查。

叠合板施工的部分流程如图 3-22 所示。

(a) 叠合板吊装

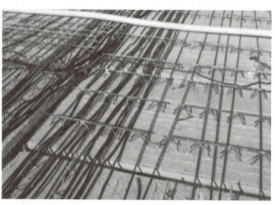

(b) 机电管线铺设

(c) 叠合板上部钢筋绑扎

(d) 混凝土浇筑

图 3-22　叠合板施工的部分流程

课后练习

一、单选题

1. 灌浆套筒包括全灌浆套筒和半灌浆套筒两种形式，全灌浆套筒采用（　　）连接方式。

　　A. 灌浆　　　　　B. 螺纹　　　　　C. 锚固　　　　　D. 螺栓

2. 钢筋套筒灌浆连接施工工艺流程为（　　）。

　　A. 塞缝→封堵下排灌浆孔→拌制灌浆料→浆料检测→注浆→封堵上排出浆孔

　　B. 塞缝→封堵下排灌浆孔→拌制灌浆料→浆料检测→注浆→封堵上排出浆孔→试块留置

C. 拌制灌浆料→浆料检测→塞缝→封堵下排灌浆孔→注浆→封堵上排出浆孔→试块留置

D. 塞缝→封堵下排灌浆孔→拌制灌浆料→浆料检测→注浆→试块留置→封堵下排灌浆孔

3. 流动度检测出灌浆平摊后最大直径为（　　），则流动性合格。
　A. 150～280mm　　　　　　　　B. 280～320mm
　C. 300～320mm　　　　　　　　D. 350～380mm

4. 预制柱的底部应设置键槽，深度不宜小于（　　）。
　A. 20mm　　　B. 30mm　　　C. 40mm　　　D. 50mm

5. 预制叠合板底板与后浇混凝土叠合层之间的结合面应设置粗糙面，粗糙面的面积和凹凸深度分别不宜或不应小于（　　）。
　A. 60％ 2mm　　B. 70％ 3mm　　C. 80％ 4mm　　D. 90％ 5mm

二、多选题

1. 装配式混凝土结构主要的连接方式有（　　）。
　A. 浆锚搭接连接　　　　　　　B. 后浇混凝土连接
　C. 叠合连接　　　　　　　　　D. 套筒灌浆连接

2. 下列各项属于灌浆施工操作所采用的机具有（　　）。
　A. 电子台秤　　　　　　　　　B. 搅拌器
　C. 秒表　　　　　　　　　　　D. 电动灌浆泵

3. 对于叠合板下列说法正确的是（　　）。
　A. 叠合板钢筋桁架的下弦钢筋可视情况作为楼板下部的受力钢筋使用
　B. 跨度大于 6m 的叠合板，宜采用桁架钢筋混凝土叠合板
　C. 叠合板面浇筑混凝土时，要提前进行认真清扫，并进行湿润处理
　D. 叠合板混凝土浇筑时，为了保证叠合板及支撑受力均匀，混凝土浇筑采取从中间向两边浇筑，连续施工，一次完成；同时使用振动棒振捣，确保混凝土振捣密实

三、判断题

1. 灌浆套筒的上孔为灌浆口，下孔为出浆口。（　　）

2. 流动度检测时，测量出灌浆平摊后直径为 300mm，说明其流动性合格。（　　）

3. 浆锚搭接连接是一种将需搭接的钢筋拉开一定距离的搭接方式，也被称为间接搭接或间接锚固。（　　）

4. 留槽、露骨料、拉毛、凿毛都是常见的粗糙面处理方法。（　　）

5. 叠合板的预制板厚度不宜小于 60mm，后浇混凝土叠合层厚度不应小于 70mm。（　　）

四、简答题

1. 简述叠合板的安装流程。
2. 什么叫作浆锚搭接？

教学单元 4　装配施工质量控制及验收

预制构件是装配式混凝土建筑的主要构件,在生产过程中,混凝土配合比、水泥质量、砂石料规格、施工工艺、蒸养工序、过程控制、运输方式等因素的影响,都会导致预制构件成型后产生各种各样的质量通病。

任务 1　装配式混凝土结构常见质量通病

一、蜂窝

"蜂窝"是指混凝土结构局部出现疏松现象,砂浆少、石子多,气泡或石子之间形成类似蜂窝状的窟窿,如图 3-23 所示。

图 3-23　蜂窝

1. 产生"蜂窝"现象的原因

(1) 混凝土配合比不当或砂、石、水泥、水计量不准,造成砂浆少、石子多;砂石级配不好,导致砂子少、石子多。

(2) 混凝土搅拌时间不够,搅拌不均匀,和易性差。

(3) 模具缝隙未堵严,造成浇筑振捣时漏浆。

(4) 一次性浇筑混凝土或分层不清。

(5) 混凝土振捣时间短,混凝土不密实。

2. 预控措施

(1) 严格控制混凝土配合比，做到计量准确、混凝土拌和均匀、坍落度适合。

(2) 控制混凝土搅拌时间，最短不得少于规范规定的时间。

(3) 模具拼缝严密。

(4) 混凝土浇筑应分层下料（预制构件端面高度大于300mm时，应分层浇筑，每层混凝土浇筑高度不得超过300mm），分层振捣，直至气泡排除为止。

(5) 混凝土浇筑过程中应随时检查模具有无漏浆、变形，若有，应及时采取补救措施。

(6) 振捣设备应根据不同的混凝土品种、工作性能和预制构件的规格形状等因素确定，振捣前应制订合理的振捣成型操作规程。

二、烂根

"烂根"是指预制构件浇筑时，混凝土浆顺模具缝隙从模具底部流出或模具边角位置脱模剂堆积等原因，导致底部混凝土面出现的质量问题，如图3-24所示。

图3-24 "烂根"

1. 产生"烂根"现象的原因

(1) 模具拼接缝隙较大、模具固定螺栓或拉杆未拧紧。

(2) 模具底部封堵材料的材质不理想或封堵不到位造成密封不严，引起混凝土漏浆。

(3) 混凝土离析。

(4) 脱模剂涂刷不均匀。

2. 预控措施

(1) 模具拼缝严密。

(2) 模具侧模与侧模间、侧模与底模间应张贴密封条，保证缝隙不漏浆；密封条材质应满足生产要求。

(3) 优化混凝土配合比。浇筑过程中注意振捣方法、振捣时间，避免过度振捣。

(4) 脱模剂应涂刷均匀，无漏刷、堆积现象。

三、露筋

露筋是指混凝土内部钢筋裸露在构件表面,如图 3-25 所示。

图 3-25 露筋

1. 产生露筋现象的原因

(1) 在浇筑混凝土时,钢筋保护层垫块移位、垫块太少或漏放,致使钢筋紧贴模具而外露。

(2) 结构构件截面小,钢筋过密,石子卡在钢筋上,使水泥砂浆不能充满钢筋周围,造成露筋。

(3) 混凝土配合比不当,产生离析,靠模具部位缺浆或模具漏浆。

(4) 混凝土保护层太小、保护层处混凝土漏振或振捣不实,振捣棒撞击钢筋或踩踏钢筋导致钢筋移位,从而造成露筋。

(5) 脱模过早,拆模时缺棱、掉角,导致露筋。

2. 预控措施

(1) 钢筋保护层垫块厚度、位置应准确,垫足垫块并固定好,加强检查。

(2) 钢筋稠密区域,按规定选择适当的石子粒径,最大粒径不得超过结构截面最小尺寸的 1/3。

(3) 保证混凝土配合比准确和混凝土良好的和易性。

(4) 模板应认真填堵缝隙。

(5) 混凝土振捣严禁撞击钢筋,操作时避免踩踏钢筋,如有踩弯或脱扣等应及时调整。

(6) 正确掌握脱模时间,防止过早拆模而碰坏棱角。

四、色差

混凝土在施工及养护过程中存在不足,造成构件表面色差过大,影响构件外观质量,如图 3-26 所示。尤其是清水构件,因其直接采用混凝土的自然色作为饰面,混凝土表面质量直接影响构件的整体外观质量。

图 3-26 色差

1. 产生色差现象的原因

（1）搅拌时间不足，水泥与砂石料拌和不均匀，造成色差影响。

（2）在施工中，由于使用工具不当（如振动棒接触模板振捣，会在混凝土构件表面形成振动棒印）而影响构件外观效果。

（3）由于混凝土振捣不当造成混凝土离析出现水线状，形成类似裂缝状，从而影响外观。

（4）混凝土的不均匀性或浇筑过程中出现较长时间的间断，造成混凝土接槎位置形成青白颜色的色差、不均性。

（5）模板表面不光洁，未将模板清理干净。

（6）模板漏浆。在混凝土浇筑过程中，在密封不严的部位出现漏浆、漏水，造成水泥的流失，或在混凝土养护过程中水分蒸发，形成麻面、翻砂。

（7）脱模剂涂刷不均匀。

（8）养护不稳定。混凝土浇筑完成后进入养护阶段，由于养护时各部分湿度、温度等差异太大，造成混凝土凝固不同步，而产生接槎色差。

（9）局部缺陷修复。

2. 预控措施

（1）模板控制。对钢模板内表面进行刨光处理，保证钢模板内表面的清洁。模板接缝处理要严密（贴密封条等措施），防止漏浆。模板脱模剂应涂刷均匀，防止模板粘皮和脱模剂不均色差。

（2）混凝土的配合比控制。严格控制混凝土配合比，经常检查，做到计量准确，保证拌和时间，混凝土拌和均匀，坍落度适宜。检查砂率是否满足要求。

（3）严格控制混凝土的坍落度，保持浇筑过程中坍落度一致。

（4）原材料的控制。对首批进场的原材料经取样复试合格后，应立即进行"封样"，以后进场的每批材料均与"封样"进行对比,发现有明显色差的不得使用。在清水混凝土生产过程中,一定要严格按试验确定的配合比投料,不得带任何随意性,并严格控制水灰比和搅拌时间,随气候变化随时抽验砂子、碎石的含水率,及时调整用水量。

(5) 施工工艺控制:

① 浇筑过程连续,因特殊原因需要暂停的,停滞时间不能超过混凝土的初凝期。

② 控制下料的高度和厚度,一次下料不能超过 30cm,严防因下料太厚导致的振捣不充分。

③ 严格控制振捣时间和质量,振捣距离不能超过振捣半径的 1.5 倍,防止漏振和过振。振捣棒插入下一层混凝土的深度应保证在 5~10cm,振捣时间以混凝土翻浆不再下沉和表面无气泡泛起为止。

④ 严格控制混凝土的入模温度和模板温度,防止因温度过高导致贴模的混凝土提前凝固。

⑤ 严格控制混合料的搅拌时间。

(6) 养护控制(蒸汽养护)。构件浇筑成型后覆盖进行蒸汽养护,蒸养流程:静停(1~2h)—升温(2h)—恒温(4h)—降温(2h),根据天气状况可作适当调整。

① 静停 1~2h(根据实际天气温度及坍落度可适当调整)。

② 升温速度控制在 15℃/h。

③ 恒温最高温度控制在 60℃。

④ 降温速度 15℃/h,当构件的温度与大气温度相差不大于 20℃时,撤除覆盖。

(7) 混凝土表面缺陷修补控制措施。拆模过程中由于混凝土本身含气量过大或者振捣不够,其表面局部会产生一些小的气孔等缺陷,构件在拆模过程中也可能碰撞掉角等。因此,拆模后应立即对表面进行修复,并保证修复用的混凝土与构件强度一致,用的原材料相同,养护条件相同。

五、钢筋绑扎与钢筋成品吊装、安装问题

1. 常见问题

(1) 钢筋骨架外形尺寸不准。

(2) 钢筋的间距、排距位置不准,偏差大,受力钢筋混凝土保护层厚度不符合要求,有的偏大,有的紧贴模板,如图 3-27 所示。

(3) 钢筋绑扣松动或漏绑严重。

(4) 箍筋不垂直主筋,间距不匀,绑扎不牢,不贴主筋,箍筋接头位置未错开。

(5) 所使用钢筋规格或数量等不符合图纸要求。

(6) 钢筋的弯钩朝向不符合要求或未将边缘钢筋勾住。

(7) 钢筋骨架吊装时受力不均,倾斜严重,导致入模钢筋骨架变形严重。

(8) 悬挑构件绑扎主筋位置错误。

2. 产生问题的原因

(1) 绑扎操作不严格,未按图纸尺寸绑扎。

(2) 用于绑扎的钢丝太硬或粗细不适当,绑扣形式为同一方向,或将钢筋骨架吊装至

图 3-27 钢筋绑扎与钢筋成品吊装、安装问题

模板内的过程中骨架变形。

（3）事先没有考虑好施工顺序，忽略了预埋件安装顺序，致使预埋铁件等无法安装，加之操作工人野蛮施工，导致发生骨架变形、间距不相等问题。

（4）生产人员随意踩踏、敲击已绑扎成型的钢筋骨架，使绑扎点松弛，纵筋偏位。

（5）操作人员交底不认真或素质低，操作时无责任心，造成操作错误。

3. 预控措施

（1）钢筋绑扎前先认真熟悉图纸，检查配料表与图纸及设计是否有出入，仔细检查成品尺寸是否与下料表相符。核对无误后方可进行绑扎。

（2）钢筋绑扎前，尤其是对悬挑构件，技术人员要对操作人员进行专门交底，对第一个构件做出样板，进行样板交底。绑扎时严格按设计要求安放主筋位置，确保上层负弯矩钢筋的位置和外露长度符合图纸要求，架好马镫，保持其高度，在浇筑混凝土时应采取措施，防止上层钢筋被踩踏，影响其受力。

（3）保护层垫块厚度应准确，垫块间距应适宜，否则会导致较薄构件板底面出现裂缝，楼梯底模（立式生产）露筋。

（4）钢筋绑扎时，两根钢筋的相交点必须全部绑扎牢固，防止缺扣、松扣。对于双层钢筋，两层钢筋之间须加钢筋马凳，以确保上部钢筋的位置。绑扎时铁丝应绑成八字形。钢筋弯钩方向不对的，应将弯钩方向不对的钢筋拆掉，调准方向，重新绑牢，切忌不拆掉钢筋而硬将其拧转。

（5）构件上的预埋件、预留洞及 PVC 线管等在生产中应及时安装（制订相应的生产工序），不得任意切断、移动、踩踏钢筋。有双层钢筋的，尽可能在上层钢筋绑扎前将有关预埋件布置好，绑扎钢筋时禁止碰动预埋件、洞口模板及电线盒等。

（6）钢筋骨架即将入模时，应力求平稳。钢筋骨架用"扁担"起吊，吊点应根据骨架外形预先确定，骨架各钢筋交点要绑扎牢固，必要时焊接牢固。

（7）加强对操作人员的管理，禁止野蛮施工。

六、预制构件预埋件问题

这类问题具体是指预制构件中的线盒、线管、吊点、预埋铁件等预埋件中心线位置、埋设高度等超过规范允许偏差值，如图 3-28 所示。预埋件问题在构件生产中发生频次较高，造成返工修补，影响生产进度，更严重的会影响工程后期施工及使用。

图 3-28　预制构件预埋件问题

1. 存在的问题

(1) 线盒、预埋铁件、吊母、吊环、防腐木砖等中心线位置超过规范允许偏差值。

(2) 外购或自制预埋件质量不符合图纸及规范要求。

(3) 预埋件规格使用错误，安装数量不符合图纸要求。

(4) 预埋件未做镀锌处理或未涂刷防锈漆。

(5) 墙板灌浆套筒规格使用错误，导致构件重新生产。

(6) 预埋件埋设高度超差严重，影响工程后期安装及使用。成品检查验收中经常出现预埋线盒上浮、内陷问题。

(7) 墙板未预留斜支撑固定吊母，导致安装时直接在预制墙板上打孔用膨胀螺栓固定。

(8) 浇筑振捣过程中，对套筒、注浆管或者是预埋线盒、线管造成堵塞、脱落。

以上问题轻则影响外观和构件安装，重则影响结构受力。

2. 其产生的原因

(1) 外购预埋件或自制预埋件未经验收合格便直接使用。

(2) 模具制作时遗漏预埋件定位孔、定位孔中心线位置偏移超差或预埋件定位模具高度超差。定位工装使用一定次数后出现变形，导致线盒内陷（上浮）等质量通病。

（3）在构件生产过程，生产人员及专检人员未对照设计图纸检查，导致预埋件规格使用错误、数量缺失、埋设高度超差或中心线位置偏移超差等问题发生。

（4）操作工人生产时不够细致，预埋件没有固定好。

（5）混凝土浇筑过程中预埋件被振捣棒碰撞。

（6）抹面时没有认真采取纠正措施。

3. 预控措施

（1）预埋件应按设计材质、大小、形状制作，外购预埋件或自制预埋件必须经专检人员验收合格后方可使用。

（2）预制件制作模具应满足构件预埋件的安装定位要求，其精度应满足技术规范要求。

（3）混凝土浇筑前，生产人员及质检人员共同对预埋件规格、位置、数量及安装质量进行仔细检查，验收合格后方可浇筑。检查验收发现位置误差超出要求、数量不符合图纸要求等问题，必须重新施作。

（4）预埋件安装时，应采取可靠的固定保护措施及封堵措施，确保其不移位、不变形，防止振捣时堵塞及脱落。易移位或混凝土浇筑中有移位趋势的，必须重新加固。如发现预埋件在混凝土浇筑中移位，应停止浇筑，查明原因，妥善处理，并注意一定要在混凝土凝结之前重新固定好预埋件。

（5）如果遇到预留件与其他线管、钢筋或预埋件等发生冲突时，要及时上报，严禁自行进行移位处理或其他改变设计的行为出现。

（6）解决抹灰面线盒内陷（上浮）质量问题，除了保证工装应牢固固定、保持平面尺寸外，还须定期校正工装变形，及时调整，更为关键的是要在抹面时进行人工检查和调整。而模板面线盒内陷（上浮）质量问题的最好控制办法是在底模上打孔固定，且振捣时避免直接振捣该部位，以防造成上浮、扭偏。

（7）加强过程检验，切实落实"三检"制度。浇筑混凝土过程中避免振动棒直接碰触钢筋、模板、预埋件等。在浇筑混凝土完成后，认真检查每个预埋件的位置，发现问题，及时进行纠正。

七、预制构件面层平整不合格问题

这类问题具体是指混凝土表面凹凸不平、拼缝处有错台等，如图 3-29 所示。

1. 产生此类问题的原因

（1）模板表面不平整，存在明显凹凸现象；模板拼缝位置有错台；模板加固不牢，混凝土浇筑过程中支撑松动胀模造成表面不平整。

（2）混凝土浇筑后未找平压光，造成表面粗糙不平。

（3）收面操作人员技能偏低。

2. 预控措施

（1）选用表面平整度较好的模板，利用 2m 平整度尺对模板进行检查，平整度超过 3mm（视地标及工程要求为准）的，通过校正达到要求后方可使用。

图 3-29 预制构件面层平整不合格问题

(2) 模具拼装合缝严密、平顺，不漏水、漏浆。

(3) 模板支立完成后，模板缝间的密封条外露部分用小刀割平。

(4) 模板支撑要牢固，适当放慢浇筑速度，减小振动对模板的冲击。

(5) 收面操作人员应选择经验丰富的操作人员，人数视生产量而定，避免出现生产量大、人员少的现象。

八、预制构件粗糙面问题

这类问题具体是指混凝土预制构件粗糙面粗糙程度或粗糙面积不符合图纸要求，如图 3-30 所示。

1. 产生此类问题的原因

(1) 人为原因。操作工人对粗糙面的粗糙度及粗糙面位置认识不清；操作人员责任心不强；采用化学方法时，需做粗糙面的面层未涂刷缓凝剂或构件脱模后未及时对粗糙面处理。

(2) 机械原因。机械未调试合适或机械故障，导致粗糙面拉毛深度不足或出现白板现象。

(3) 技术方面原因。技术交底未明确粗糙面的粗糙度或未交底等原因。

(4) 缓凝剂自身原因。缓凝剂质量较差，无法满足粗糙面要求。

2. 预控措施

(1) 加强落实三级交底制度（公司级、车间级、班组级），并严格执行交底内容。技

图 3-30 预制构件粗糙面问题

术交底内容应具有指导性、针对性、可行性；车间级技术交底内容更应全面，具有指导性、可操作性。

（2）无论采用机械、化学或人工方式进行粗糙面处理时，构件批量生产前，首先制作样板，粗糙面效果达到要求后方可批量生产。

（3）缓凝剂应选择市场口碑好、质量效果好的产品。进厂后小批量按照要求进行操作，若质量效果较差应禁止使用。

九、预制构件标识问题

这类问题具体是指混凝土预制构件无标识或标识不全等，如图 3-31 所示。

图 3-31 构件标识问题

1. 产生此类问题的原因主要是施工人员责任心不强、意识差。
2. 预控措施：

（1）预制构件脱模起吊后，及时对构件进行检验，并使用喷码设备在构件上标记标识，标识应清楚、位置统一。检验合格后入成品库区，不合格品进入待修区。

（2）构件标识应包括生产厂家、工程名称、构件型号、生产日期、装配方向、吊装位置、合格状态、监理等。

任务2 预制构件制作质量控制与验收

一、预制构件制作质量控制与验收

1. 构件制作质量控制要点

（1）原材料质量控制：构件采用的原材料均应进行见证取样，其中灌浆套筒、保温材料、保温板连接件、受力型预埋件的抽样应全过程见证。对由热轧钢筋制成的成型钢筋，当能提供原材料力学性能第三方检验报告时，可仅进行重量偏差检验。对于已入厂但不合格产品，必须要求厂方单独存放，杜绝投入生产。

（2）模具质量控制：对模台清理、隔离剂喷涂、模具尺寸等作一般性检查；对模具各部件连接、预留孔洞及埋件的定位固定等作重点检查。

（3）钢筋及预埋件质量控制：对钢筋的下料、弯折等作一般性检查；对钢筋数量、规格、连接及预埋件、门窗及其他部品部件的尺寸偏差作重点检查。

（4）构件出厂质量控制：预制构件出厂时，应对所有待出厂构件进行详细检验。构件外观质量不应有缺陷，对经出现的严重缺陷应按技术处理方案进行处理并重新检验，驻厂监造人员应将上述过程认真记录并签字备案。预制构件经检查合格后，要及时标记工程名称、构件部位、构件型号及编号、制作日期、合格状态、生产单位等信息。

2. 预制构件进场质量控制要点

预制构件在工厂制作、现场组装，组装时需要较高的精度，同时每个预制构件具有唯一性，一旦某个构件有缺陷，势必会对工程质量、安全、进度、成本造成影响。预制构件进场验收是现场施工的第一个环节，对于构件质量控制至关重要。

（1）现场质量验收程序：预制构件进场时，施工单位应先进行检查，合格后再由施工单位会同构件厂、监理单位、建设单位联合进行进场验收。

预制构件进场时，在构件明显部位必须注明生产单位、构件型号、质量合格标识；预制构件观不得存有对构件受力性能、安装性能、使用性能有严重影响的缺陷，不得存有影响结构性能和安装、使用功能的尺寸偏差。

（2）预制构件相关资料的检查：

① 预制构件合格证：预制构件出厂应带有证明其产品质量的合格证，预制构件进场时由构件生产单位随车人员移交给施工单位。

② 预制构件性能检测报告：梁板类受弯预制构件进场时应进行结构性能检验，检测结果应符合现行国家标准《混凝土结构工程施工质量验收规范》GB 50204中的相关要求。

③ 拉拔强度检验报告：预制构件表面预贴饰面砖、石材等饰面与混凝土的粘接性能应符合设计和现行有关标准的规定。

④ 技术处理方案和处理记录：对于出现一般缺陷的构件，应重新验收并检查技术处

理方案和处理记录。

（3）预制构件外观质量的检查：预制构件进场验收时，应由施工单位会同构件厂、监理单位联合进行进场验收。参与联合验收的人员主要包括：施工单位工程、物资、质检、技术人员；构件厂代表；监理工程师等。

3. 构件安装质量控制

（1）施工现场质量控制流程：现场各施工单位应建立健全质量管理体系，确保质量管理人员数量充足、技能过硬，质量管理流程清晰、管理链条闭合。应建立并严格执行质量类管理制度，约束施工现场行为。

（2）施工现场质量控制要点：

① 原材料进场检验：现场施工所需的原材料、部品、构配件应按规范进行。

② 预制构件试安装：装配式结构施工前，应选择有代表性的单元板块进行预制构件的试安装，并根据试安装结果及时调整完善施工方案。

③ 测量的精度控制：吊装前须对所有吊装控制线进行认真的复检，构件安装就位后须由项目部质检员会同监理工程师验收构件的安装精度。安装精度经验收签字合格后方可浇筑混凝土。

④ 灌浆料的制备与套筒灌浆施工：灌浆施工前对操作人员进行培训，规范灌浆作业操作流程，熟练掌握灌浆操作要领及其控制要点。对灌浆料应先进行浆料流动性检测，留置试块，然后才可进行灌浆。检测不合格的灌浆料则重新制备。

⑤ 安装精度控制：强化预制构件吊装校核与调整。构件安装后应对安装位置、安装标高、垂直度、累计垂直度进行校核与调整；相邻预制板类构件，应对相邻预制构件平整度、高差、拼缝尺寸进行校核与调整；装饰类构件应对装饰面的完整性进行校核与调整。

⑥ 结合面平整度控制：预制墙板与现浇结构表面应清理干净，不得有油污、浮灰、粘贴物等，构件剔凿面不得有松动的混凝土碎块和石子。严格控制混凝土板面标高，误差控制在规定范围内。

⑦ 后浇节点模板控制：混凝土浇筑前，模板或连接缝隙用海绵条封堵。与预制墙板连接的现浇短肢剪力墙模板位置、尺寸应准确，固定牢固，防止偏位。宜采用铝合金模板，并使用专用夹具固定，提高混凝土观感质量。

⑧ 外墙板接缝防水控制：所选用防水密封材料应符合相关规范要求；拼缝宽应满足设计要求；宜采用构造防水与材料防水相结合的方式。

二、装配施工验收

装配式混凝土建筑施工应按现行国家标准的有关规定进行单位工程、分部工程、分项工程和检验批的划分和质量验收。装配式混凝土建筑的装饰装修、机电安装等分部工程应按国家现行标准的有关规定进行质量验收。验收结果及处理方式如下：

1. 装配式混凝土结构工程施工质量验收应符合下列规定：

（1）所含分项工程质量验收应合格。

（2）应有完整的质量控制资料。

(3) 观感质量验收应合格。

(4) 结构实体检验结果应符合现行国家标准《混凝土结构工程施工质量验收规范》GB 50204 的要求。

(5) 当混凝土结构施工质量不符合要求时，应按下列规定进行处理：

① 经返工、返修或更换构件、部件的，应重新进行验收；

② 经有资质的检测机构按国家现行标准检测鉴定达到设计要求的，应予以验收；

③ 经有资质的检测机构按国家现行相关标准检测鉴定达不到设计要求，但经原设计单位核算并确认仍可满足结构安全和使用功能的，可予以验收；

④ 经返修或加固处理能够满足结构可靠性要求的，可根据技术处理方案和协商文件进行验收。

2. 装配式混凝土结构工程施工质量验收时，应提供下列文件和记录：

（1）工程设计文件、预制构件深化设计图、设计变更文件；

（2）预制构件、主要材料及配件的质量证明文件、进场验收记录、抽样复验报告；

（3）钢筋接头的试验报告；

（4）预制构件制作隐蔽工程验收记录；

（5）预制构件安装施工记录；

（6）钢筋套筒灌浆等钢筋连接的施工检验记录；

（7）后浇混凝土和外墙防水施工的隐蔽工程验收文件；

（8）后浇混凝土、灌浆料、坐浆材料强度检测报告；

（9）结构实体检验记录；

（10）装配式结构分项工程质量验收文件；

（11）装配式工程的重大质量问题的处理方案和验收记录；

（12）其他必要的文件和记录（宜包含 BIM 交付资料）。

3. 装配式混凝土结构工程施工质量验收合格后，应将所有的验收文件存档备案。

课后练习

一、单选题

1. 预制构件浇筑时，混凝土浆顺模具缝隙从模具底部流出或模具边角位置脱模剂堆积等原因，导致底部混凝土面出现的质量问题称之为（   ）。

    A. 烂根   B. 蜂窝   C. 色差   D. 露筋

2. 当构件截面较小，保护层处混凝土振捣不实，最可能引起的质量问题是（   ）。

    A. 露筋   B. 掉皮   C. 麻面   D. 烂根

3. 对于混凝土表面凹凸不平、拼缝处有错台的质量问题，可以采取的措施是（   ）

    A. 模板支立完成后，模板缝间的密封条外露部分用小刀割平

    B. 严格控制混凝土的坍落度，保持浇筑过程中坍落度一致

    C. 模板应认真填堵缝隙

    D. 优化混凝土配合比

4. 下列选项中属于预制构件进场质量控制要点的是（   ）。

    A. 模具质量控制   B. 原材料质量控制

C. 预制构件相关资料的检查　　　　D. 结合面平整度控制

5. 对于现场质量验收程序，在预制构件进场时，（　　）应先进行检查。

A. 建设单位　　　　　　　　　　B. 设计单位
C. 监理单位　　　　　　　　　　D. 施工单位

二、多选题

1. 下列选项中，对构件标识包括的应有（　　）。

A. 生产厂家　　　　　　　　　　B. 工程名称
C. 生产日期　　　　　　　　　　D. 吊装位置

2. 针对色差现象，能采取的预防措施有（　　）。

A. 严格控制混凝土配合比，经常检查，做到计量准确
B. 严格控制混凝土的坍落度，保持浇筑过程中坍落度一致
C. 模板脱模剂应涂刷均匀
D. 进行养护控制，防止各部分湿度、温度等差异太大

三、判断题

1. 混凝土浇筑应分层下料（预制构件端面高度大于300mm时，应分层浇筑，每层混凝土浇筑高度不得超过300mm），分层振捣，直至气泡排除为止。（　　）

2. 预埋件应按设计材质、大小、形状制作，外购预埋件或自制预埋件必须经专检人员验收合格后方可使用。（　　）

3. 解决抹灰面线盒内陷（上浮）质量问题，除了保证工装应牢固固定、保持平面尺寸外，还须定期校正工装变形，及时调整，更为关键的是要在抹面时进行人工检查和调整。（　　）

四、简答题

1. 简述产生"蜂窝"现象的两种可能原因以及预控措施。
2. 构件制作有哪几项质量控制要点？

思政案例

雄安市民服务中心
——装配式建筑：高质量发展的新引擎

在雄安新区这片充满希望的土地上，雄安市民服务中心以惊人的速度拔地而起，不仅标志着雄安新区建设的新篇章，更以其绿色装配式建造方式，向世界展示了中国建筑业高质量发展的新路径。该项目荣获的"鲁班奖"，不仅是对其卓越工程质量的认可，更是对装配式建筑在推动建筑业转型升级中重要作用的肯定。

装配式建筑，作为现代建筑工业化的重要标志，其核心价值在于"标准化设计、工厂化生产、装配化施工、一体化装修、信息化管理"。在雄安市民服务中心的建设过程中，这一模式得到了淋漓尽致的展现。通过构件的工厂化生产，不仅大幅减少了现场湿作业，降低了施工噪声和扬尘污染，还显著提高了施工效率，缩短了建设周期。这种以科技创新为引领，以绿色发展为导向的建造方式，正是高质量发展的生动实践。

更为重要的是，装配式建筑在提升建筑品质、节约资源能源、减少建筑垃圾等方面展现出巨大潜力。雄安市民服务中心的建筑垃圾比传统建造方式减少了80%以上，这一数据背后，是装配式建筑对环境保护的深刻理解和积极贡献。在资源日益紧张、环境压力不断加大的今天，装配式建筑无疑为实现可持续发展提供了有力支撑。

此外，装配式建筑还促进了建筑产业链的整合与优化。从设计、生产到施工、装修，各个环节紧密相连，形成了一个高效协同的产业链体系。这种模式的推广，将有力推动建筑业与制造业、信息技术等产业的深度融合，促进产业结构的优化升级，为经济高质量发展注入新的动力。

综上所述，装配式建筑作为高质量发展的新引擎，正以其独特的优势引领着中国建筑业的转型升级。雄安市民服务中心的成功实践，为我们提供了一个可借鉴、可复制的范例。未来，随着技术的不断进步和政策的持续支持，装配式建筑必将在更广泛的领域得到应用和推广，为实现绿色发展、高质量发展贡献更大力量。

参考文献

[1] 中华人民共和国住房和城乡建设部. 装配式建筑评价标准：GB/T 51129—2017［S］. 北京：中国建筑工业出版社，2018.

[2] 中华人民共和国住房和城乡建设部. 装配式混凝土建筑技术标准：GB/T 51231—2016［S］. 北京：中国建筑工业出版社，2017.

[3] 中华人民共和国住房和城乡建设部. 桁架钢筋混凝土叠合板（60mm 厚底板）：15G366-1［S］. 北京：中国计划出版社，2015.

[4] 中华人民共和国住房和城乡建设部. 预制混凝土剪力墙外墙板：15G365-1［S］. 北京：中国计划出版社，2015.

[5] 中华人民共和国住房和城乡建设部. 预制混凝土剪力墙内墙板：15G365-2［S］. 北京：中国计划出版社，2015.

[6] 住房和城乡建设部住宅产业化促进中心. 大力推广装配式建筑必读——制度·政策·国内外发展［M］. 北京：中国建筑工业出版社，2016.

[7] 住房和城乡建设部住宅产业化促进中心. 大力推广装配式建筑必读——技术·标准·成本与效益［M］. 北京：中国建筑工业出版社，2016.

[8] 何培斌，李秋娜，李益. 装配式建筑设计与构造［M］. 北京：北京理工大学出版社，2020.

[9] 宝鼎晶，肖伟晋. 装配式建筑数字孪生综合演训技术［M］. 武汉：华中科技大学出版社，2023.

[10] 刘学军，詹雷颖，班志鹏. 装配式建筑概论［M］. 重庆：重庆大学出版社，2020.

[11] 王昂，张辉，刘智绪. 装配式建筑概论［M］. 武汉：华中科技大学出版社，2019.

[12] 陈锡宝，杜国城. 装配式混凝土建筑概论［M］. 上海：上海交通大学出版社，2017.

[13] 王鑫，王奇龙. 装配式建筑构件制作与安装［M］. 重庆：重庆大学出版社，2021.

[14] 张建荣，郑晟. 装配式混凝土建筑识图与构造［M］. 上海：上海交通大学出版社，2017.

[15] 范幸义，张勇一. 装配式建筑［M］. 重庆：重庆大学出版社，2017.

[16] 田春鹏. 装配式混凝土结构工程［M］. 武汉：华中科技大学出版社，2018.

[17] 张金树，王春长. 装配式建筑混凝土预制构件生产与管理［M］. 北京：中国建筑工业出版社，2017.